MySQL 数据库

主 编　卢　镭　　周　庆　　肖明华　　刘华敏

副主编　陶星珍　　何文婷　　李　伟　　王　伟

　　　　李　玉　　袁流长

参 编　谢珑钧　　孙雪菲　　曾　俊　　谭志刚

　　　　余苏丹　　刘燔桃

电子工业出版社.

Publishing House of Electronics Industry

北京·BEIJING

内 容 简 介

本书按照模块化的教学设计理念，系统地介绍 MySQL 数据库的安装与配置、数据库的创建、数据表的创建、数据表的操作等内容，并通过一个图书管理系统的项目开发过程综合讲述在实际开发中 MySQL 数据库的应用技能。

本书为新型活页式教材，各项目有相应的练习题，使读者能够运用所学知识完成实际的工作任务，达到举一反三、学以致用的目的。

本书适合 MySQL 数据库初学者、MySQL 数据库开发人员和 MySQL 数据库管理员，同时也能作为高等院校和培训学校计算机相关专业师生的教学用书或教学参考书。

图书在版编目（CIP）数据

MySQL 数据库 / 卢镭等主编. —北京：电子工业出版社，2023.6

ISBN 978-7-121-45733-3

Ⅰ．①M… Ⅱ．①卢… Ⅲ．①SQL 语言 – 数据库管理系统 – 教材 Ⅳ．①TP311.132.3

中国国家版本馆 CIP 数据核字(2023)第 102664 号

责任编辑： 张瑞喜
印　　刷： 中国电影出版社印刷厂
装　　订： 中国电影出版社印刷厂
出版发行： 电子工业出版社
　　　　　 北京市海淀区万寿路 173 信箱　邮编：100036
开　　本： 787×1092　1/16　印张：15.75　字数：383 千字
版　　次： 2023 年 6 月第 1 版
印　　次： 2023 年 6 月第 1 次印刷
定　　价： 59.00 元

凡所购买电子工业出版社图书有缺损问题，请向购买书店调换。若书店售缺，请与本社发行部联系，联系及邮购电话：（010）88254888，88258888。

质量投诉请发邮件至 zlts@phei.com.cn，盗版侵权举报请发邮件至 dbqq@phei.com.cn。

本书咨询联系方式：qiyuqin@phei.com.cn。

前　言

MySQL是一个关系型数据库管理系统，由瑞典MySQL AB公司开发。它不仅具有开放源代码、支持多种操作系统平台的特点，而且具有操作简单、使用方便、利于普及，体积小、速度快、总体拥有成本和维护成本低等优点；在Web应用方面，MySQL是最好的RDBMS（Relational Database Management System，关系型数据库管理系统）应用软件之一，诸多优点使其迅速成为中小型企业和网站首选的数据库管理系统。

MySQL数据库逐渐成熟，功能不断完善，越来越受到广大用户的欢迎。国内外很多大公司使用的就是MySQL数据库。MySQL数据库迎来了前所未有的机遇，同时也引发了学习MySQL数据库的热潮。

本书的特点是理实结合、配套完备、情景导入，从MySQL初学者的视角出发，以"学中做、做中学"的理念为指导，采用项目式教学和情景式教学的方法组织内容，旨在让读者迅速进入学习情境，激发读者的学习兴趣。本书分为9个项目，每个项目包括若干个任务，每个任务可以作为教学设计中单独的教学模块来实施。本书采取情景式教学的方法设计实施案例，让读者在真实情景中提高应用理论知识解决实际问题的能力。

本书由卢镭、周庆、肖明华、刘华敏任主编，陶星珍、何文婷、李伟、王伟、李玉、袁流长任副主编，谢珑钧、孙雪菲、曾俊、谭志刚、余苏丹、刘燔桃任参编。本书是江西省首批职业院校教师教学创新团队的成果，也是校企合作的成果，得到了深圳市讯方通信科技有限公司的大力支持。

由于编者水平有限，书中难免存在疏漏和不足之处，敬请专家、读者批评指正。

编者
2023年2月

目　　录

项目一　数据库入门

知识目标：掌握数据库的基础知识。

掌握 MySQL 数据库安装与配置的方法并了解 MySQL 的目录结构。

能力目标：熟悉常见的数据库产品。

素养目标：注重平时的学习和积累，努力成为一个优秀的程序员。

思维导图

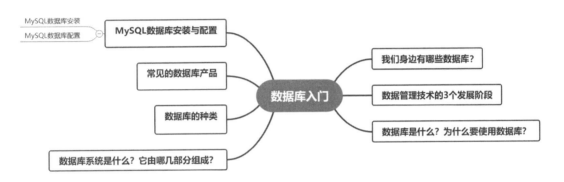

项目导言

　　数据库技术产生于20世纪60年代末，是计算机应用领域中重要的技术，也是软件技术的一个重要分支。本项目重点讲解数据库的基础知识，以及MySQL数据库安装与配置的方法。

思政课堂

　　中国有句俗话叫"万丈高楼平地起"，意思为高楼都是从平地上一层一层建起来的。学习数据库这门课程也是同样的道理，只有掌握好单条的SQL语句，才能学好这门课程。

任务　MySQL 数据库安装与配置

任务描述

　　MySQL可以在多种平台上运行，但由于平台的不同，安装方法也有所差异。本任务主要完成在Windows平台上安装和配置MySQL。Windows平台提供了两种安装MySQL的方式：

（1）MySQL图形化安装（.msi安装文件）。

（2）免安装版（.zip压缩文件）。

知识储备

1. 数据库是什么？为什么要使用数据库？

在学习数据库之前，应先理解什么是数据。

描述事物的符号称为数据。数据有多种表现形式，可以是数字，也可以是文字、图形、图像、声音等。在数据库中，数据表示记录，例如，在图书管理数据库中，记录书名、作者或出版年份、书号、出版社等的信息就是数据。

记录客观事实、未经过加工的数据只是一种原始材料。而对数据进行加工处理后提取的，并对人类社会实践和生产活动能够产生一定决策影响的数据就是信息。

例如，"《Web前端开发案例教程》，胡军，2020.9，ISBN 978-7-115-53603-7，人民邮电出版社"，对于这条记录，其含义是：书的名称是《Web前端开发案例教程》，主编是胡军，出版时间是2020年9月，书号是ISBN 978-7-115-53603-7，出版社是人民邮电出版社。所以，数据和信息是不可分的。

数据库（Database）是指长期存储在计算机内的、有组织的、可共享的数据集合。通俗地讲，数据库就是存储数据的地方，就像电子文件柜一样。数据库按照特定的格式把数据存储起来，其本质就是一个文件系统，用户可以对数据库中的数据进行增加、删除、修改、查找等操作。

在日常生活中，人们可以直接用中文、英文等自然语言描述客观事物。在计算机中，则要抽象出这些事物的特征，并组成一条记录来描述。

我们常说某数据库，其实质应该是某数据库管理系统（Database Management System，DBMS）。目前，较为流行的数据库管理系统有MySQL、SQL Server、Oracle和DB2等。

随着互联网技术的高速发展，网民数量持续增加，而网民数量的增加则带动了网上购物、微博、网络视频等产业的发展，那么，随之而来的就是庞大的网络数据量。

大量的数据正在不断产生，于是，对数据的有效存储、高效访问、方便共享和安全控制等成为了信息时代一个非常重要的问题。

使用数据库可以高效且条理分明地存储数据，它使人们能够更加迅速和方便地管理数据，主要体现在以下三个方面：

（1）数据库可以结构化存储大量的数据信息，方便用户进行有效的检索和访问。

数据库可以对数据进行分类保存，还可以提供快速的查询。例如，我们平时经常使用的搜索引擎就是基于数据库和数据分类技术来达到快速搜索的目的的。

（2）数据库可以有效地保持数据信息的一致性、完整性，并降低数据冗余。

数据库可以很好地保证数据有效且不被破坏，并且数据库自身有避免重复数据的功能，以此来降低数据的冗余。

（3）数据库可以满足应用的共享和安全方面的要求，在很多情况下把数据放在数据库中也是出于安全的考虑。

例如，如果把所有的员工信息和工资数据都放在磁盘文件上，则工资的保密性就无从谈起了。如果把员工信息和工资数据都放在数据库中，就可以只允许查询和修改员工信息，而工资数据只允许指定人（如财务人员）查看，从而保证数据的安全性。

2. 数据库系统是什么？它由哪几部分组成？

数据库系统（Database System，DBS）是指在计算机系统中引入数据库后的系统，它由硬件和软件共同构成。硬件主要用于存储数据库中的数据，包括计算机、存储设备等。软件主要包括数据库管理系统、支持数据库管理系统运行的操作系统，以及支持多种语言进行应用开发的访问技术等。数据库系统如图1-1所示。

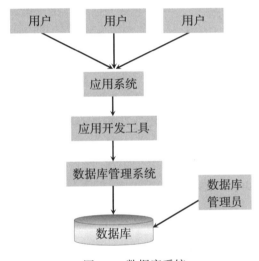

图 1-1　数据库系统

由图1-1可知，一个完整的数据库系统一般由数据库、数据库管理系统、应用开发工具、应用系统、数据库管理员和用户组成，其中最主要的是以下3个组成部分。

（1）数据库：用于存储数据的地方。

（2）数据库管理系统：用于管理数据库的软件。

（3）应用系统：数据库提供了一个存储空间来存储各种数据，可以将数据库视为一个存储数据的容器。一个数据库可以包含许多文件，一个数据库系统通常包含许多数据库。

数据库管理系统是数据库系统的核心软件之一，是介于应用程序与操作系统之间的数据管理软件，用于创建和管理数据库。DBMS能定义数据的存储结构，提供数据的操作机制，维护数据库的安全性、完整性和可靠性。

应用系统是为了提高数据库系统的处理能力所使用的管理数据库的补充软件，它可以使数据管理过程更加直观和友好。应用系统负责与DBMS进行通信、访问，并管理DBMS

中存储的数据，允许用户插入、修改、删除数据库中的数据。

3. 数据库的种类

早期比较流行的数据库模型有三种，分别为层次式数据库、网络式数据库和关系式数据库。而在当今的互联网中，较常用的数据库模型主要有两种，即关系型数据库和非关系型数据库。

（1）关系型数据库。

关系型数据库是目前应用较广泛的数据库，它是建立在关系模型基础上的数据库，关系型数据库模型是把复杂的数据结构归结为简单的二元关系(即二维表格形式)。简单地说，关系型数据库是由多张能互相连接的表组成的数据库。

优点：

① 使用表结构，格式一致，易于维护。

② 使用通用的结构化查询语言（Structured Query Language，SQL）操作，使用方便，可用于复杂查询。

③ 数据存储在磁盘中，安全性高。

缺点：

① 读写性能比较差，不能满足海量数据的高效率读写。

② 不节省空间。因为关系型数据库建立在关系模型上，要遵循某些规则，比如数据中的某字段值即使为空仍要分配空间。

③ 表结构相对固定，灵活度较低。

关系型数据库实例如表1-1所示。

表 1-1   关系型数据库实例

图书编号	图书名称	图书种类	作 者	单 价	出版日期
0001	体育学概论	体育	张三	49.00	2021-10-9
0002	编程新手学	计算机	李四	59.00	2021-2-5
0003	绘画基础	美术	王五	39.00	2022-3-8
0004	音乐基础	音乐	赵六	39.00	2022-2-14

常见的关系型数据库有MySQL、Oracle、SQL Server、DB2等。

（2）非关系型数据库。

非关系型数据库又被称为NoSQL（Not Only SQL），意为它不仅是SQL，更是作为传统关系型数据库的一个有效补充。通常指数据以对象的形式存储在数据库中，而对象之间的关系通过每个对象自身的属性来决定。

优点：

① 存储数据的格式可以多样化，使用灵活，应用场景广泛，而关系型数据库只支持基础类型的数据。

② 速度快，效率高。

③ 对于海量数据的维护和处理非常轻松。

④ 扩展简单，高并发，高稳定性，成本低。

⑤ 可以实现数据的分布式处理。

缺点：

① 暂时不提供SQL支持，学习成本和使用成本较高。

② 没有事务处理，不能保证数据的完整性和安全性。虽然能够处理海量数据，但是不一定安全。

③ 功能没有关系型数据库完善。

常见的非关系型数据库有 Neo4j、MongoDB、Redis、Memcached、MemcacheDB 和 HBase 等。

任务实施

1. 任务实施流程

任务实施流程如表1-2所示。

表 1-2 任务实施流程

序　　号	功能描述
1	MySQL数据库安装步骤
2	MySQL数据库配置过程

2. 任务分组

确定分工，营造小组凝聚力和工作氛围，培养学生的团队合作、互帮互助精神。任务分组如表1-3所示。

表 1-3 任务分组

组　　名			
组　　别			
团队成员	学　　号	角色职位	职　　责

3. 任务实施

（1）MySQL数据库安装。

步骤1：双击下载MySQL安装文件，进入MySQL安装界面，首先进入"License

Agreement"（许可协议）窗口，选中"I accept the license terms"（我接受许可条款）复选框，单击"Next"（下一步）按钮即可。

有的用户会直接进入"Choosing a Setup Type"（选择安装类型）窗口，根据右侧的安装类型描述选择适合自己的安装类型，这里选择默认的安装类型，如图1-2所示。

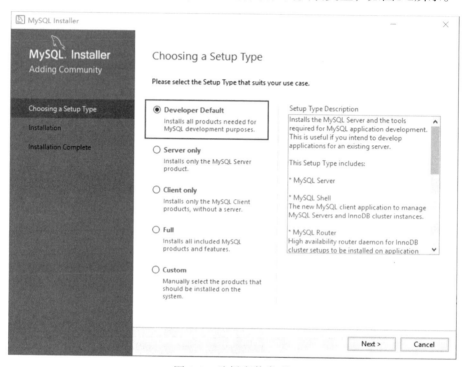

图 1-2　选择安装类型

注意，图1-2中列出了5种安装类型，分别是：

Developer Default（默认安装类型）

Server only（仅作为服务）

Client only（仅作为客户端）

Full（完全安装）

Custom（用户自定义）

步骤2：根据所选择的安装类型安装Windows系统框架，单击"Execute"按钮，安装程序会自动完成Windows系统框架的安装，如图1-3所示。

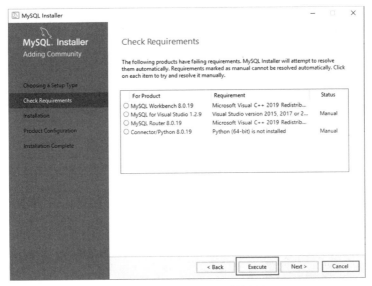

图 1-3　安装 Windows 系统框架

步骤3：当弹出安装程序窗口时，选中"我同意许可条款和条件（A）"复选框，然后单击"安装"按钮，如图1-4所示。

图 1-4　安装程序窗口

步骤4：弹出"设置成功"的界面，表示Windows系统框架已经安装完成，单击"关闭"按钮即可，如图1-5所示。其他框架安装也可参考以上操作。

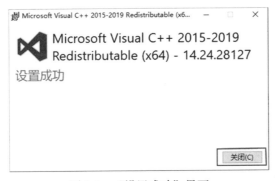

图 1-5　"设置成功"界面

步骤5：Windows系统框架安装完成后，单击"Next"按钮，如图1-6所示。

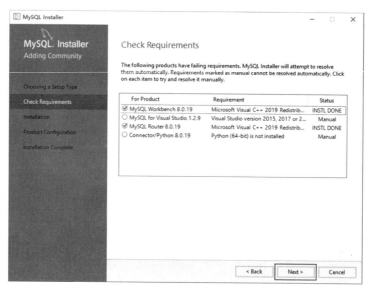

图1-6　单击"Next"按钮

步骤6：进入安装确认窗口，单击"Execute"按钮，开始安装MySQL的各个组件，如图1-7所示。

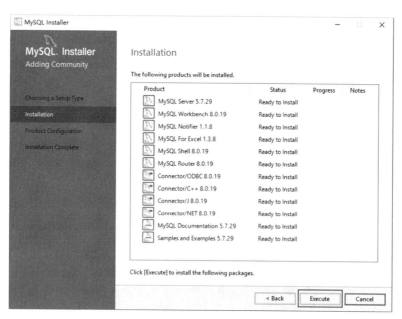

图 1-7　开始安装 MySQL 的各个组件

步骤7：组件安装完成后，在"Status"列显示"Complete"，如图1-8所示。

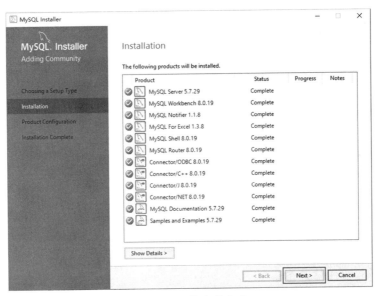

图 1-8　组件安装完成

（2）MySQL数据库配置。

MySQL安装完成之后，需要对服务器进行配置，具体的配置步骤如下。

步骤1：在安装MySQL数据库的最后一步中，单击"Next"按钮进入服务器配置窗口，进行配置信息的确认，确认后单击"Next"按钮，如图1-9所示。

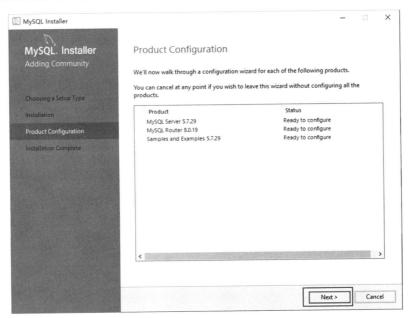

图 1-9　确认配置信息

步骤2：进入网络类型配置窗口，采用默认设置，单击"Next"按钮，如图1-10所示。

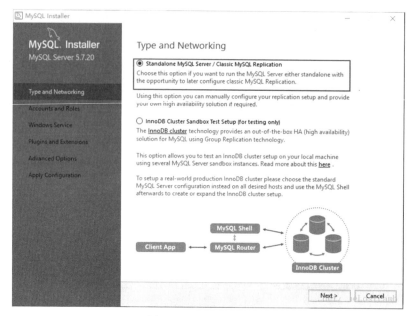

图 1-10　配置网络类型

步骤3：进入服务器类型配置窗口，采用默认设置，单击"Next"按钮，如图1-11所示。

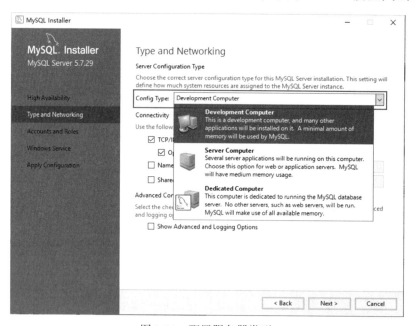

图 1-11　配置服务器类型

图1-11中的3个选项的具体含义如下：

● Development Computer（开发机器）：安装的MySQL数据库服务器作为开发机器的
　 一部分，在三种可选的类型中占用的内存最少。

● Server Computer（服务器）：安装的MySQL数据库服务器作为服务器机器的一部分，

在三种类型中，其占用的内存居中。

● Dedicated Computer（专用服务器）：安装专用的MySQL数据库服务器，占用机器全部有效的内存。

提示：初学者建议选择"Development Computer"选项，这样占用的系统资源比较少。

MySQL的"Port"（端口号）默认为"3306"，如图1-12所示。如果没有特殊需求，一般不建议修改，继续单击"Next"按钮即可。

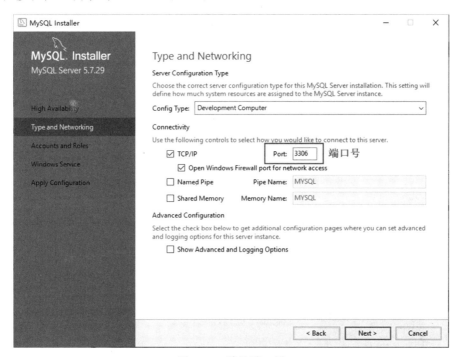

图 1-12　默认端口号

步骤4：进入设置服务器密码窗口，重复输入两次登录密码（建议字母、数字加符号），单击"Next"按钮，如图1-13所示。

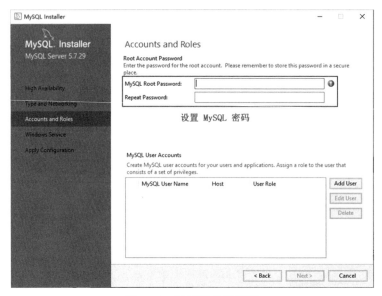

图 1-13　设置服务器密码

提示：系统默认的用户名为"root"，如果想添加新用户，则可以单击"Add User"（添加用户）按钮进行添加。

步骤5：进入服务器名称窗口设置服务器名称，这里无特殊需要不建议修改，继续单击"Next"按钮，如图1-14所示。

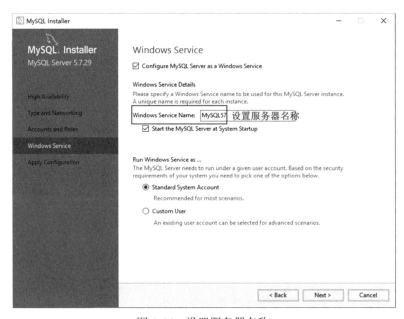

图 1-14　设置服务器名称

步骤6：打开确认设置服务器窗口，单击"Execute"按钮，完成MySQL的各项配置，如图1-15所示。

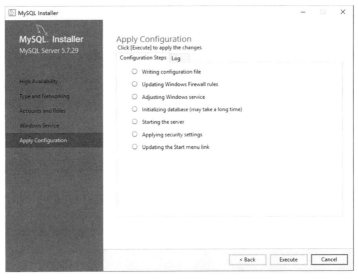

图 1-15　确认设置服务器窗口

注意：在安装时可能会在"Starting the server"位置卡住不动，然后提示错误无法安装，可能是你下载的数据库版本过高，与系统不匹配，可以降低数据库版本或升级计算机操作系统版本。

各项配置都通过检测后，继续单击"Excute"按钮，便可完成配置。

步骤7：打开"任务管理器"窗口，可以看到MySQL的服务进程"mysqld.exe"已经启动了，如图1-16所示。

图 1-16　"任务管理器"窗口

恭喜你，完成了Windows操作系统下MySQL数据库的安装和配置。

任务评价

1. 小组自查

小组内进行自查，填写表1-4的内容。

表 1-4　验收记录

任务名称	MySQL 数据库安装与配置			组　　名	
序　　号	验收任务	验收情况	整改措施	完成时间	自我评价
1					
2					
3					
4					
验收结论：					

2. 项目提交

各小组交叉验收，填写表1-5的内容。

表 1-5　小组验收报告

组　　名		完成情况				
任务序号	任务名称	验收时间	存在问题	验收结果	验收评价	验收人
1						
2						
验收结论：						

3. 展示评价

各小组展示作品，介绍任务的完成过程、运行结果，整理代码、技术文档，进行小组自评、组间互评、教师评价，填写表1-6的内容。

表 1-6 考核评价表

序 号	评价项目	评价内容	分值	小组自评(30%)	组间互评(30%)	教师评价(40%)	合计
1	职业素养（30分）	分工合理，制订计划能力强，严谨认真	5				
		爱岗敬业，责任意识，服从意识	5				
		团队合作，交流沟通，互相协作，互相分享	5				
		遵守行业规范、职业标准	5				
		主动性强，按时、保质、保量完成相关任务	5				
		能采取多样化手段收集信息、解决问题	5				
2	专业能力（60分）	MySQL数据库安装与配置流程设计正确	10				
		MySQL数据库安装完成	15				
		MySQL数据库配置完成	15				
		技术文档整理完整	10				
		项目提问回答正确	10				
3	创新意识（10分）	创新思维和行动	10				
合计			100				
评价人：			时间：				

项目复盘

1. 总结归纳

本项目主要讲解数据库的基础知识、MySQL的安装与配置。通过本项目的学习，希望同学们能真正掌握MySQL数据库的基础知识，并且学会安装与配置MySQL，为后续项目的学习奠定扎实的基础。

2. 存在问题

反思在本项目学习过程中自身存在的问题并填写表1-7的内容。

表 1-7 项目优化表

序 号	存在问题	优化方案	是否完成	完成时间
1				
2				

恭喜你，完成项目评价和复盘。通过MySQL数据库安装与配置项目，掌握了MySQL的安装与配置的基本流程。要熟练掌握该项目，这将为后续项目的完成奠定基础。

拓展任务

请按照以下要求创建数据表"Student"。

要求如下：

（1）在官方网站下载版本为8.0的MySQL安装文件；

（2）在Windows平台下安装MySQL数据库；

（3）在MySQL安装目录下的"bin"文件夹中双击"MySQLInstanceConfig.exe"文件启动配置向导，配置MySQL数据库。

习题演练

（1）请简述数据库、数据表和数据库服务器之间的关系。

（2）如何对MySQL进行重新配置？

（3）MySQL相对于其他数据库有哪些特点？

项目二　MySQL 管理

学习目标

　　知识目标：掌握数据库的创建、查看、选择与删除操作语法。
　　　　　　　掌握数据表的创建、查看、修改与删除操作语法。
　　　　　　　掌握数据库用户的添加、查看、修改与删除操作语法。
　　技能目标：能熟练地在 MySQL 中创建、查看、选择与删除数据库。
　　　　　　　能熟练地在 MySQL 中创建、查看、修改与删除数据表。
　　　　　　　能熟练地在 MySQL 中创建、查看、修改和删除用户。
　　素养目标：培养学生理实一体，践行知行合一。
　　　　　　　使学生养成严谨、规范的代码书写习惯。

项目导言

　　在学习MySQL数据库的过程中，数据库、数据表和数据的操作是每个初学者必须掌握的内容，同时也是学习后续课程的基础。为了让初学者能够快速体验与掌握数据库的基本操作，本项目将对这些基本操作进行详细讲解。

　　所谓安装数据库服务器，只是在机器上安装了一个数据库管理程序，这个管理程序可以同时管理多个数据库，一般会针对每一个应用创建一个数据库。为保存应用中实体的数据，一般会在数据库中创建多个表，以保存程序中实体的数据。

思维导图

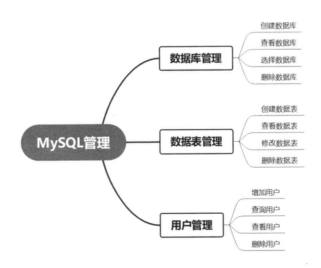

世界某零售连锁企业A拥有世界上最大的数据仓库系统之一，里面存放了各个门店的详细交易信息。为了能够准确了解顾客的购买习惯，A对顾客的购物行为进行了"购物篮分析"，想知道顾客经常一起购买的商品有哪些，结果他们有了意外的发现：跟尿布同时购买最多的商品竟是啤酒。

于是，A派出市场调查人员和分析师对这一结果进行调查和分析。经过大量的实际调查和分析，揭示了隐藏在"尿布与啤酒"背后的一种行为模式：一些年轻的父亲下班后经常要到超市去买婴儿尿布，而他们中有30%～40%的人同时也为自己买一些啤酒。产生这一现象的原因是：太太们常叮嘱她们的丈夫下班后为小孩买尿布，而丈夫们在买了尿布后又随手带回了他们喜欢的啤酒。

既然尿布与啤酒一起被购买的机会很多，于是A就将尿布与啤酒并排摆放在一起，结果是尿布与啤酒的销售量双双增长。

按常规思维，尿布与啤酒风马牛不相及，若不是利用数据库技术对大量的交易数据进行挖掘分析，A是不可能发现数据内这一有价值的规律的。

任务一　MySQL 数据库管理

任务描述

在学习MySQL数据库的过程中，数据库的操作是每个初学者必须掌握的内容，同时也是学习后续课程的基础，本任务主要完成数据库的创建、查看、修改操作。

知识储备

1. 什么是 MySQL 数据库

在同一个MySQL数据库服务器中可以创建多个数据库，如果把每个数据库看成一个"仓库"，那么应用程序中的内容数据就存储在这个"仓库"中。而对数据库中的数据存取及维护等，都是通过数据库管理系统软件进行管理的。

为了使应用程序中的数据便于维护、备份及移植，最好为每个软件项目创建一个数据库（在数据量大时要进行分库、分表）。数据库系统如图2-1所示。

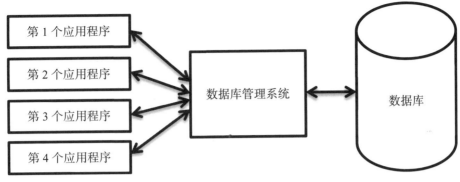

图 2-1 数据库系统

```
MySQL> show databases;
+--------------------+
|Database            |
+--------------------+
|information_schema  |
|MySQL               |
|performance_schema  |
|sys                 |
+--------------------+
```

在MySQL数据库列表中包含了4个数据库：information_schema、performance_schema、MySQL、sys。

（1）informance_schema：保存了MySQL服务器中的所有数据库的信息。

这些信息包括MySQL服务器有多少个数据库，各个数据库有哪些表，各个表中的字段是什么数据类型，各个表中有哪些索引，各个数据库需要什么权限才能访问。

（2）performance_schema：主要用于收集数据库服务器的性能参数。

该数据库提供进程等待的详细信息，包括锁、互斥变量、文件信息；保存历史事件的汇总信息，对MySQL服务器的性能做出详细的判断。

（3）MySQL：保存MySQL服务器的权限、参数、对象和状态信息。

该数据库主要负责存储数据库的用户、权限设置、关键字等MySQL自身需要使用的控制和管理信息。

（4）sys：sys库所有的数据源来自performance_schema。

该数据库的目的是把performance_schema的复杂度降低，让数据库管理员（Database Administrator，DBA）能更好地阅读这个库里的内容，让DBA更快地了解数据库（Database，DB）的运行情况。

2. 创建数据库

创建数据库是在系统磁盘上划分一块区域用于数据的存储和管理，如果管理员在设置权限的时候为用户设置了创建数据库的权限，则可以直接创建；否则，就需要管理员创建数据库。

在MySQL中，可以使用"create database"语句创建数据库，其语法格式如下：

```
create database[if not exists]<数据库名>
[[default]character set<字符集名>]
[[default] collate <校对规则名>];
```

语法说明：

（1）[ ]中的内容是可选的。

（2）<数据库名>：创建数据库的名称。MySQL的数据存储区将以目录方式表示数据库，因此数据库名称必须符合操作系统的文件夹命名规则，不能以数字开头。注意，在MySQL中不区分大小写。

（3）if not exists：在创建数据库之前进行判断，只有该数据库目前尚不存在时才能执行操作。此选项可以用来避免数据库已经存在而重复创建的错误。

（4）[default] character set：指定数据库的字符集。指定字符集的目的是避免在数据库中存储的数据出现乱码。如果在创建数据库时不指定字符集，那么就使用系统默认的字符集。

（5）[default] collate：指定字符集的默认校对规则。MySQL的字符集和校对规则（collation）是两个不同的概念。字符集用来定义MySQL存储字符串的方式，校对规则用来定义MySQL比较字符串的方式。

3. 查看数据库

在MySQL中使用"show databases"语句来查看或显示当前用户权限范围以内的数据库，其语法格式如下：

```
show databases [like '数据库名'];
```

语法说明：

（1）"like"从句是可选项，用于匹配指定的数据库名称。"like"从句既可以部分匹配，也可以完全匹配。

（2）数据库名由单引号包围。

4. 选择数据库

在MySQL中使用"use"语句来完成一个数据库到另一个数据库的跳转，其语法格式如下：

```
use <数据库名>
```

语法说明：

<数据库名>是指把该数据库作为当前数据库。将该数据库设置为默认数据库，直到语段的结尾，或者直到遇见一个不同的"use"语句。

5. 修改数据库

在MySQL中只能对数据库使用的字符集和校对规则进行修改，数据库的这些特性都存储在db.opt文件中。其语法格式如下：

```
alter database [数据库名]
{ [ default ] character set <字符集名>|[ default ] collate <校对规则名>};
```

语法说明：

（1）若[数据库名] 省略，则此时语句对应默认数据库。

（2）"character set" 子句用于更改默认的数据库字符集。

6. 删除数据库

在MySQL中使用"drop database"语句删除已创建的数据库，其语法格式如下：

```
drop database [ if exists ] <数据库名>;
```

语法说明：

（1）if exists：用于防止当数据库不存在时发生错误。

（2）<数据库名>：指定要删除的数据库名。

（3）在使用"drop database"语句时要非常小心。使用它后将删除数据库中的所有表格并同时删除数据库。

任务实施

1. 任务实施流程

任务实施流程如表2-1所示。

表2-1　任务实施流程

序　号	功能描述
1	MySQL数据库查看
2	MySQL数据库创建
3	MySQL数据库选择
4	MySQL数据库修改
5	MySQL数据库删除

2. 任务分组

确定分工，营造小组凝聚力和工作氛围，培养学生的团队合作、互帮互助的精神。填写表2-2的内容。

表2-2　任务分组

组　　名			
组　　别			
团队成员	学　　号	角色职位	职　　责

3. 任务实施

步骤一：在"开始"菜单中选择"MySQL"目录下的"MySQL 8.0 Command Line Client"选项，打开MySQL窗口。

步骤二：输入密码登录MySQL。

步骤三：输入命令"show databases;"查看数据库。

```
MySQL> show databases;
```

步骤四：输入命令"create database library;"创建数据库。

```
MySQL> create database library;
```

步骤五：输入命令"show databases;"查看所有数据库。

```
MySQL> show databases;
```

步骤六：输入命令"use library;"选择数据库。

```
MySQL> use library;
```

步骤七：输入命令"alter datebase;"将字符集修改为"gb2312"，将校对规则修改为"gb2312_chinese_ci"。

```
MySQL> alter database library default character set gb2312 default collate
gb2312_chinese_ci;
```

步骤八：输入命令"drop database library;"删除数据库。

```
MySQL> drop database library;
```

任务二　MySQL 数据表管理

任务描述

在学习MySQL数据库的过程中，数据表的操作是每个初学者必须掌握的内容，同时也是学习后续课程的基础。本任务主要完成数据表的创建、查看、修改等操作。

知识储备

1. 什么是数据表

在关系型数据库中，数据表是一系列二维数组的集合，用来代表和存储数据对象之间的关系，它由纵向的列和横向的行组成。

例如，表2-3的学生信息表，每列包含的信息是所有学生某个特定类型的信息，如学号、姓名、性别、出生日期、家庭地址等。在创建数据表时，一般要把列的数目固定，各列由列名来标识，而行数可以随着学生数量的增加而动态变化，每行可以根据某个（或某几个）列来识别，这些列就是候选码（候选键）。

表 2-3　学生信息表

字　　段	类　　型	含　　义	备　　注
sno	char(10)	学号	主键
name	varchar(30)	姓名	
sex	tinyint	性别	
birthday	date	出生日期	
address	varchar(100)	家庭地址	
……	……	……	

2. 创建数据表

在MySQL中可以使用"create table"语句创建数据表。所谓创建数据表是在已经创建好的数据库中建立新表。创建数据表的过程实际上是规定数据列属性的过程，同时也是实施数据完整性约束的过程。

其语法格式如下：

```
create table <表名> ([表定义选项])[表选项][分区选项];
```

其中，表定义选项的语法格式为：

```
<列名1> <类型1><列级约束><默认值> [,…] <列名n> <类型n><列级约束><默认值>
```

语法说明：

（1）<表名> 指定要创建表的名称，必须符合标识符的命名规则。完整的表名格式是数据库名.表名，如library.test。在当前数据库中创建表，数据库名可以省略。表名可以使用单引号，如'library'. 'test' 或'test'。

（2）[表定义选项]：表创建定义，由列名（col_name）、列的定义（column_definition）及可能的空值说明、完整性约束或表索引组成。

（3）如果不指定数据库，则表被创建到当前的数据库中。若表已存在、没有当前数据库或者数据库不存在，则会出现错误。

（4）<列名>：定义每一列的名称。

（5）<类型>：指定列的类型。

（6）<列级约束>：表的列级约束有非空（not null）、唯一性（unique）、主键（primary key）、外键（foreign key），其中unique约束的字段具有唯一性，不可重复，但是可以为空。

（7）<默认值>：指定列的默认值，在没有给列赋值时的值。

（8）表选项：表选项用于优化表的行为。在大多数情况下，不必特殊指定其中任何一个。表2-4为MySQL的存储引擎。

表2-4　MySQL 的存储引擎

存储引擎	描　　述
InnoDB	具有行锁定和外键的事务安全表。新表的默认存储引擎
MyISAM	基于ISAM存储引擎，它是Web、数据仓储和其他应用环境下经常使用的存储引擎之一
MEMORY	此存储引擎的数据仅存储在内存中
CSV	以逗号分隔值格式存储行的表
ARCHIVE	归档存储引擎
EXAMPLE	访问远程表的存储引擎
HEAP	同MEMORY
MERGE	用来管理由多个MyISAM表构成的表集合
NDB	集群，容错，基于内存的表，支持事务和外键

（9）表分区：表分区用于控制创建的表的分区。

3. 查看数据表

在MySQL中提供了专门的SQL语句用来查看某数据库中存在的所有数据表或者查看指定模式的数据表或数据表的相关信息。

查看数据表的语法格式如下：

```
show  tables [like '表名']
```

语法说明：

在上述语法中，若不添加可选项 "like 匹配模式"，表示查看当前数据库中的所有数据表；若添加则按照 "匹配模式" 查看数据表。其中，匹配模式符有两种，分别为 "%" 和 "_"，"%" 代表任意长度的字符串，"_" 代表一个字符。

除了查看数据库下有哪些表，还可以查看数据表的相关信息，如表名、存储引擎、创建时间等。

语法格式如下：

```
show table status [from 数据库名] [like 表名]
```

语法说明：

（1）[from 数据库名]：查询哪个数据库。

（2）[like 表名]：查询哪个表。

4. 修改数据表

修改数据表指的是修改数据库中已经存在的数据表的结构。MySQL使用 "alter table" 语句修改表。常用的修改表的操作有修改表名、修改列数据类型或列名、增加和删除列、修改列的排列位置、更改表的存储引擎、删除表的外键约束等。

语法格式如下：

```
alter table <表名> [修改选项]
```

修改选项如下。

（1）增加列：add column <列名> <类型> [约束条件] [first|after已存在的字段名]。

（2）修改列名：change column <旧列名> <新列名> <新列类型>。

（3）修改列默认值：alter column <列名> { set default <默认值> | drop default }。

（4）修改列类型：modify column <列名> <类型>。

（5）删除列：drop column <列名>。

（6）修改表名：rename to <新表名>。

5. 查看表结构

（1）以表格的形式展示表结构。

在MySQL中使用 "describe/desc" 语句查看表的字段信息，包括字段名、字段数据类型、是否为主键、是否有默认值等。

语法格式如下：

```
describe/ desc  <表名>;
```

（2）以SQL语句的形式显示表结构。

"show create table" 命令会以SQL语句的形式来显示表信息，还可以通过\g或\G参数来控制显示格式。

语法格式如下：

```
show create table <表名>;
```

语法说明：

- \g 的作用是分号，和在SQL语句中的"；"是等效的。
- \G 的作用是将查到的结构旋转90度变成纵向。

6. 删除数据表

在MySQL数据库中删除表使用"drop table"语句。

语法格式如下：

```
drop table [if exists] [表名1 ,表名2, 表名3 ...]
```

语法说明：

- "表名1，表名2，表名3 ..."表示要被删除的数据表的名称。"drop table"语句可以同时删除多个表，只要将表名依次写在后面，相互之间用逗号隔开即可。

- "if exists"用于在删除数据表之前判断该表是否存在。如果不加"if exists"，当数据表不存在时，MySQL将提示错误，中断SQL语句的执行；加上"if exists"后，当数据表不存在时，SQL语句可以顺利执行，但是会发出警告。

任务实施

1. 任务实施流程

任务实施流程如表2-5所示。

表 2-5　任务实施流程

序　号	功能描述
1	MySQL数据表创建
2	MySQL数据表查看
3	MySQL数据表修改
4	MySQL数据表删除

2. 任务分组

确定分工，营造小组凝聚力和工作氛围，培养学生的团队合作、互帮互助精神，填写表2-6的内容。

表 2-6 任务分组

组　　名			
组　　别			
团队成员	学　　号	角色职位	职　　责

3. 任务实施

步骤一：在"library"数据库中创建读者表"reader"，表结构如表2-7所示。

表 2-7 读者表结构

列　　名	数据类型	含　　义	默 认 值	备　　注
id	int(10)	图书编号	not null	主键、自动增长
name	varchar(30)	姓名	null	
sex	varchar(4)	性别	null	
barcode	varchar(30)	条形码	null	
birthday	date	出生日期	null	
paperType	varchar(10)	证件类型	null	
paperNO	varchar(20)	证件号	null	
tel	varchar(20)	电话	null	
email	varchar(100)	邮箱	null	
typeid	int(10)	读者类型编号		
operator	varchar(30)	操作人员		
createDate	date	创建日期		

创建命令如下：

```
MySQL> use library;
MySQL> create table reader (
   ->    id int(10) unsigned not null auto_increment,
   ->    name varchar(30) default null,
   ->    sex varchar（4）default null,
   ->    barcode varchar(30) default null,
   ->    birthday date default null,
   ->    paperType varchar(10) default null,
```

```
->    paperNO varchar(20) default null,
->    tel varchar(20) default null,
->    email varchar(100) default null,
->    typeid int(10) default null,
->    createDate date default null,
->    operator varchar(30) default null,
->    primary key (id)
```

步骤二：使用 "show tables;" 命令查看数据库 "library" 中的表。

```
MySQL> show tables;
+-------------------+
|Tables_in_library |
+-------------------+
|reader            |
+-------------------+
```

步骤三：使用 "show table status from library like 'reader'\G;" 命令查询 "reader" 表的相关信息。

```
MySQL> show table status from library like 'reader'\G;
```

步骤四：使用 "alter table ... add" 语句给 "library" 数据库中的 "reader" 表增加 "father" 列，类型为 "varchar"。

```
MySQL> alter table library.reader add father varchar(20);
```

步骤五：使用 "show create table reader \g;" 命令查看 "reader" 表的表结构。
步骤六：使用 "drop table reader;" 命令删除 "library" 数据库中的 "reader" 表。

```
MySQL> drop  table  reader;
```

任务三　MySQL 用户账户管理

任务描述

MySQL是一个多用户数据库，具有功能强大的访问控制系统，可以为不同用户设置允许的权限。本任务主要完成数据库用户的创建、授权、删除操作。

知识储备

1. 用户与权限概述

用户是数据库的使用者和管理者，为了保证数据库的安全性，MySQL提供了一套完善的数据库用户及权限管理系统。该系统可以定义不同的用户角色，还可以为这些角色赋予不同的数据访问权限，对连接到数据库的用户进行权限验证，判断这些用户是否属于合法用户，MySQL通过对用户的设置来控制数据库操作人员的访问与操作范围。

在安装MySQL时，系统会自动安装一个名为"MySQL"的数据库，该数据库主要用于维护数据库的用户，以及权限的控制和管理。其中，MySQL中的所有用户信息都保存在"MySQL.user"数据表中。

在安装MySQL后，MySQL会默认创建一个"root"用户，这个用户属于数据库超级管理员角色，具有一切权限，但"root"用户权限太大，如果该用户误操作或刻意破坏数据库系统，就很容易造成严重的安全性问题。因此，需要创建一些权限较小的用户，用于对普通数据库的管理运维，以及通过数据库进行开发。用户账户的创建、授权及其他管理，均需使用"root"用户。

MySQL的权限体系大致分为以下5个层级。

（1）全局层级。

该层级可以管理整个MySQL，这些权限存储在"MySQL.user"表中。

（2）数据库层级。

该层级可以管理指定的数据库，这些权限存储在"MySQL.db"和"MySQL.host"表中。

（3）表层级。

该层级可以管理指定数据库的指定表，这些权限存储在"MySQL.talbes_priv"表中。

（4）列层级。

该层级可以管理指定数据库的指定表的指定字段，这些权限存储在"MySQL.columns_priv"表中。

（5）子程序层级。

该层级可以管理存储过程和函数。

2. 创建用户

在MySQL中可以使用"create user"语句创建用户，并设置相应的密码。

语法格式如下：

```
create user <用户> [ identified by [密码];
```

语法说明：

● <用户>：这里的用户是指用户账户，格式为"user_name'@'host_name"，这里的"user_name"是用户名，"host_name"为主机名，即用户在连接MySQL时所用主机的名字。

如果在创建用户的过程中，只给出了用户名，而没有指定主机名，那么主机名默认为"%"，表示一组主机，即对所有主机开放权限。

- "identified by"子句：用于指定用户密码。新用户可以没有初始密码，若该用户不设密码，可省略此子句。
- 在一次创建多个用户时，使用逗号分隔。

3. 修改用户

（1）修改用户名。

在MySQL中可以使用"rename user"语句修改用户名。

语法格式如下：

```
rename user <旧用户> to <新用户>;
```

语法说明：

- 在修改用户名时，必须是MySQL已有的用户。

（2）修改用户密码。

在MySQL中可以使用"alter user"语句修改用户密码。

语法格式如下：

```
alter user <用户> identified by <新密码>;
```

或者

```
set password for <用户> =<新密码>;
```

4. 删除用户

在MySQL中可以使用"drop user"语句删除用户，也可以直接在"MySQL.user"表中删除用户及相关权限。

语法格式如下：

```
drop user <用户1> [ , <用户2> ]…
```

语法说明：

- 使用"drop user"语句必须拥有MySQL数据库的"DELETE"权限或全局"CREATE USER"权限。

5. 用户授权

用户授权就是为某个用户赋予某些权限，在MySQL中用户授权使用"grant"语句。

（1）数据库权限。

数据库权限如表2-8所示。

表 2-8 数据库权限

权限名称	对应 user 表中的字段	说　　明
SELECT	select_priv	表示授予用户可以使用"select"语句访问特定数据库中的所有表和视图的权限
INSERT	insert_priv	表示授予用户可以使用"insert"语句向特定数据库中的所有表添加数据行的权限
DELETE	delete_priv	表示授予用户可以使用"delete"语句删除特定数据库中的所有表的数据行的权限
UPDATE	update_priv	表示授予用户可以使用"update"语句更新特定数据库中的所有数据表的值的权限
REFERENCES	references_priv	表示授予用户可以创建指向特定的数据库中的表外键的权限
CREATE	create_priv	表示授权用户可以使用"create table"语句在特定数据库中创建新表的权限
ALTER	alter_priv	表示授予用户可以使用"alter table"语句修改特定数据库中的所有数据表的权限
SHOW VIEW	show_view_priv	表示授予用户可以查看特定数据库中的已有视图的视图定义的权限
CREATE ROUTINE	create_routine_priv	表示授予用户可以为特定的数据库创建存储过程和存储函数的权限
ALTER ROUTINE	alter_routine_priv	表示授予用户可以更新和删除数据库中的已有的存储过程和存储函数的权限
INDEX	index_priv	表示授予用户可以在特定数据库中的所有数据表上定义和删除索引的权限
DROP	drop_priv	表示授予用户可以删除特定数据库中的所有表和视图的权限
CREATE TEMPORARY TABLES	create_tmp_table_priv	表示授予用户可以在特定数据库中创建临时表的权限
CREATE VIEW	create_view_priv	表示授予用户可以在特定数据库中创建新的视图的权限
EXECUTE ROUTINE	execute_priv	表示授予用户可以调用特定数据库的存储过程和存储函数的权限
LOCK TABLES	lock_tables_priv	表示授予用户可以锁定特定数据库的已有数据表的权限
ALL或ALL PRIVILEGES 或SUPER	super_priv	表示以上所有的权限/超级权限

（2）表权限。

表权限如表2-9所示。

表 2-9 表权限

权限名称	对应 user 表中的字段	说　明
SELECT	select_priv	授予用户可以使用"select"语句访问特定数据表的权限
INSERT	insert_priv	授予用户可以使用"insert"语句向一个特定数据表中添加数据行的权限
DELETE	delete_priv	授予用户可以使用"delete"语句从一个特定数据表中删除数据行的权限
DROP	drop_priv	授予用户可以删除数据表的权限
UPDATE	update_priv	授予用户可以使用"update"语句更新特定数据表的权限
ALTER	alter_priv	授予用户可以使用"alter table"语句修改特定数据表的权限
REFERENCES	references_priv	授予用户可以创建一个外键来参照特定数据表的权限
CREATE	create_priv	授予用户可以使用特定的名字创建一个数据表的权限
INDEX	index_priv	授予用户可以在数据表上定义索引的权限
ALL 或 ALL PRIVILEGES 或 SUPER	super_priv	所有的权限名

（3）列权限。

在授予列权限时只能指定为"SELECT""INSERT""UPDATE"，同时在权限的后面需要加上列名列表。

语法格式如下：

```
grant <权限类型 >[(作用列)] on database.table to <用户> [ identified by [密码]]
```

语法说明：

● 作用列省略时表示作用于整个表。

● <用户>必须是完整的用户名，即由用户名和主机名组成。

● "identified by"子句用来设置用户密码。

6. 用户权限回收

在MySQL中使用"revoke"语句回收用户权限。

语法格式如下：

```
revoke 权限类型 [(作用列)] on database.table  to <用户>
```

任务实施

1. 任务实施流程

任务实施流程如表2-10所示。

表 2-10　任务实施流程

序　　号	功能描述
1	MySQL数据库用户创建
2	MySQL数据库用户修改
3	MySQL数据库用户删除
4	MySQL数据库用户授权
5	MySQL数据库用户权限回收

2. 任务分组

确定分工，营造小组凝聚力和工作氛围，培养学生的团队合作、互帮互助精神，填写表2-11的内容。

表 2-11　任务分组

组　　名			
组　　别			
团队成员	学　　号	角色职位	职　　责

3. 任务实施

步骤一：使用"create user"命令创建一个用户，用户名是test123，密码也是test123。

```
MySQL> create user 'test123'@'localhost 'identified by 'test123';
MySQL> select user,host from MySQL.user;
+------------------+----------+
|user              |host      |
+------------------+----------+
|MySQL.infoschema  |localhost |
|MySQL.session     |localhost |
```

```
|MySQL.sys          |localhost |
|root               |localhost |
|test1              |localhost |
|test123            |localhost |
+------------------+----------+
```

步骤二：使用"rename user"命令把'test123'@'localhost'修改为'test123456'@'localhost'。

```
MySQL> rename user 'test123'@'localhost' to 'test123456'@'localhost';
```

步骤三：使用"alter user"命令修改test123456的用户密码为123456。

```
alter user 'test123456'@'localhost 'identified by '123456';
```

步骤四：使用"drop user"命令删除用户test123456。

```
drop user 'test123456'@'localhost';
```

删除前：

```
MySQL> select user ,host from MySQL.user;
+------------------+----------+
|user              |host      |
+------------------+----------+
|MySQL.infoschema  |localhost |
|MySQL.session     |localhost |
|MySQL.sys         |localhost |
|root              |localhost |
|test1             |localhost |
|test123456        |localhost |
+------------------+----------+
```

删除后：

```
MySQL> drop user 'test123456'@'localhost';
MySQL> select user ,host from MySQL.user;
+------------------+----------+
|user              |host      |
+------------------+----------+
|MySQL.infoschema  |localhost |
|MySQL.session     |localhost |
|MySQL.sys         |localhost |
```

```
|root             |localhost |
|test1            |localhost |
+-----------------+----------+
```

步骤五：使用"grant select,insert on *.* to"命令授予用户test1查询和插入的权限。

```
MySQL> grant select,insert on *.* to 'test1'@'localhost';
```

步骤六：使用"revoke select,insert on *.* from"命令回收用户test1查询和插入的权限。

```
revoke  select,insert on *.* from 'test1'@'localhost';
```

项目评价

1. 小组自查
小组内进行自查，填写表2-12的内容。

表 2-12　预验收记录

项目名称	MySQL 管理			组　　名	
序　　号	验收项目	验收情况	整改措施	完成时间	自我评价
1					
2					
3					
验收结论：					

2. 项目提交
组内验收完成，各小组交叉验收，填写表2-13的内容。

表 2-13　小组验收报告

项目名称	MySQL 管理	组　　名	
项目验收人		验收时间	
项目概况			
存在问题		完成时间	
验收结果		评价	

3. 展示评价
各小组展示作品，介绍任务的完成过程、运行结果，整理代码、技术文档，进行小组自评、组间互评、教师评价，填写表2-14的内容。

表 2-14　考核评价表

序　号	评价项目	评价内容	分值	小组自评(30%)	组间互评(30%)	教师评价(40%)	合计
1	职业素养（30分）	分工合理，制订计划能力强，严谨认真	5				
		爱岗敬业，责任意识，服从意识	5				
		团队合作，交流沟通，互相协作，互相分享	5				
		遵守行业规范、职业标准	5				
		主动性强，按时、保质、保量完成相关任务	5				
		能采取多样化手段收集信息、解决问题	5				
2	专业能力（60分）	MySQL数据库创建、查看、删除等	10				
		MySQL数据表创建、修改、查看、删除等	15				
		MySQL数据库用户创建、授权、删除等	15				
		技术文档整理完整	10				
		项目提问回答正确	10				
3	创新意识（10分）	创新思维和行动	10				
合计			100				
评价人：			时间：				

项目复盘

1. 总结归纳

本项目学习了在MySQL数据库管理系统中创建、查看、选择和删除数据库；数据表的创建、查看、修改和删除；用户的创建、查看、修改和删除。希望通过本项目的学习重点掌握MySQL数据库、数据表和用户的相关操作，为以后的学习打好基础。

2. 存在问题

思考本项目学习过程中自身存在的问题并填写表2-15的内容。

表 2-15　项目优化表

序　号	存在问题	优化方案	是否完成	完成时间
1				
2				

恭喜你，完成项目评价和复盘。通过MySQL数据库、数据表、用户的管理学习，掌握了MySQL数据库管理的相关内容，这将为后面项目的完成奠定基础。

习题演练

一、选择题

（1）下列关于创建、管理数据库的操作语句不正确的是（　　）。

    A. create database instant

    B. use Instant

    C. new database Instant

    D. drop data base Instant

（2）在MySQL中，下列关于创建数据表的描述正确的是（　　）。

    A. 在创建表时必须设定列的约束

    B. 在删除表的时候通过外键约束连接在一起的表会被一同删除

    C. 在创建表时必须设置列类型

    D. 通过 "create t" 语句来创建表

（3）在MySQL中，通常使用（　　）语句来指定一个已有数据库作为当前的工作数据库。

    A. using   B. used   C. usesd   D. use

（4）在MySQL中创建一个名为 "db_test" 的数据库，以下正确的是（　　）。

    A. create table db_test;   B. create database db_test;

    C. create databases db_test;   D. insert into db_test values(1);

（5）设置表的默认字符集的关键字是（　　）。

    A. default character   B. default set

    C. default default   D. character set

（6）下列描述正确的是（　　）。

    A. 一个数据库只能包含一个数据表   B. 一个数据库可以包含多个数据表

    C. 一个数据库只能包含两个数据表   D. 一个数据表可以包含多个数据表

（7）在SQL语句中修改表结构的命令是（　　）。

    A. modify table   B. modify structure

    C. alter table   D. alter structure

（8）以下哪个语句用于撤销权限（　　）。

    A. delete   B. drop   C. revoke   D. update

二、简单题

（1）写出在MySQL中创建、删除数据库 "test" 的语句。

（2）写出创建部门表（部门编号、部门名称）的语句。

（3）在MySQL中创建一个用户"test"，密码也为"test"。

项目实训

图书管理系统部分实体设计与实现。

（1）创建一个名为"library"的数据库。

（2）设计三个实体：读者、图书、管理员。

根据实体信息创建数据库表。

读者实体：读者编号、姓名、性别、条形码、出生日期、证件类型、证件号、电话、邮箱、读者类型、操作人员、创建日期。

图书实体：图书编号、图书类型编号、书名、作者、译者、书号、价格、页数、库存数量、入库时间、操作人员、书架编号、条形码。

管理员实体：管理员编号、管理员名称、密码。

（3）创建一个用户"test"能操作数据库"library"。

项目三　MySQL 基本语法

学习目标

知识目标：掌握 MySQL 语法的基础知识、熟悉常见的 MySQL 数据类型及常见的运算符。

能力目标：掌握 MySQL 的基本操作，如插入、修改、删除。

素养目标：熟练掌握 MySQL 的基本操作的各种运用场景。

项目导言

通过项目二的学习，大家了解了如何在 MySQL 中创建、查看、选择与删除数据库，如何在数据库中创建、查看、修改与删除数据表。针对数据表具体的操作中，在设计数据表时如何准确定义数据表字段的基本数据类型，在使用数据表时如何书写 SQL 语句进行插入、修改、删除操作，就是本项目的学习目标。

思维导图

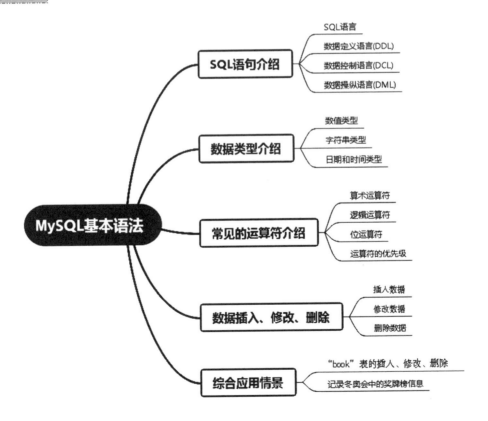

思政课堂

内容和形式是现实事物的内在要素和结构方式这两个不同方面，两者是对立的。同时，内容和形式又是相互依存的。任何内容都具有某种形式，离开了形式，内容就不能存在；任何形式都是一定内容的形式，离开了内容，就没有形式。本项目要学习的SQL语言就做到了形式与内容的高度统一。

任务一 使用 MySQL DDL 命令列表

任务描述

SQL（Structured Query Language）又称结构化查询语言，是一种数据库查询和程序设计语言，用于数据存取及查询、更新和管理关系型数据库系统。它具有功能强大、效率高、简单易学、易维护的优点。SQL通常用于完成一些数据库的操作任务，如数据定义、数据控制和数据操纵。

SQL语言共分为四大类：数据查询语言（DQL）、数据操纵语言（DML）、数据定义语言（DDL）、数据控制语言（DCL）。本任务通过数据定义语言创建"library"数据库及"book"表。

知识储备

数据定义语言（Data Definition Language，DDL）

DDL命令列表指令语法说明。

① create：用于创建数据库或其对象（如表、索引、函数、视图、存储过程和触发器），其语法格式如下：

```
create{对象关键字} 对象名;
```

语法说明：

- 对象关键字：包含database、table、index、function、view、procedure、trigger。
- 对象名：自定义数据库名、数据表名等。

② alter：用于更改数据库的结构，其语法格式如下：

```
alter{对象关键字} 对象名 [修改选项];
```

注意：不同对象的修改选项有所不同。

使用"alter database"语句来修改已经被创建或存在的数据库的相关参数。

```
alter database [数据库名] {
```

```
[ default ] character set <字符集名> |
[ default ] collate <校对规则名>}
```

语法说明：
- "alter database"用于更改数据库的全局特性，这些特性存储在数据库目录的"db.opt"文件中。
- 使用"alter database"语句需要获得数据库的"ALTER"权限。
- 数据库名称可以忽略，此时语句对应于默认数据库。

使用"alter table"语句改变原有表的结构，例如，增加或删减列、更改原有列的类型、重新命名列或表等，其语法格式如下：

```
alter table <表名> {
add column <列名> <类型> |
change column <旧列名> <新列名> <新列类型> |
alter column <列名> { set default <默认值>  |drop default } |
modify column <列名> <类型> |
drop column <列名>  |
rename to <新表名>  |
character set <字符集名> |
collate <校对规则名> }
```

③ drop：用于从数据库中删除对象，其语法格式如下：

```
drop {对象关键字} 对象名;
```

④ truncate：用于从表中删除所有记录，包括删除为记录分配的所有空间，其语法格式如下：

```
truncate table table_name;
```

⑤ rename：用于重命名数据库中的一个或多个表的表名，其语法格式如下：

```
rename table tbl_name TO new_tbl_name [, tbl_name2 TO new_tbl_name2] ...
```

注意：在使用"rename"语句时必须拥有原始表的"ALTER"和"DROP"权限，以及新表创建和插入的权限。

任务实施

1. 任务实施流程
任务实施流程如表3-1所示。

表 3-1　任务实施流程

序　　号	实施流程	功能描述/具体步骤
1	使用"create"语句创建图书馆管理系统数据库"library"、创建图书数据表结构、创建"book"表	1. 创建"library"数据库 2. 创建"book"表，以及表的结构
2	使用"alter"语句修改数据库"library"字符集，例如，增加或删减列、更改原有列的类型、重新命名列或表等	1. 使用命令行工具将数据库"library"的指定字符集修改为"gb2312"，将默认校对规则修改为"gb2312_bin2" 2. 在数据表"book"中添加一列
3	使用"drop"语句删除数据库、删除数据表	1. 删除数据库"library" 2. 删除数据表"book"
4	使用"truncate"语句从表中删除所有记录，包括删除为记录分配的所有空间	删除数据表"book"的所有记录
5	使用"rename"语句重命名数据库中的一个或多个表的表名	将数据库中的"book"表重命名为"book_1"

2. 任务分组

确定分工，营造小组凝聚力和工作氛围，培养学生的团队合作、互帮互助精神，填写表3-2的内容。

表 3-2　任务分组

组　　名			
组　　别			
团队成员	学　　号	角色职位	职　　责

恭喜你，已明确任务实施流程、完成任务分组，接下来进入任务实施。

3. 任务实施

任务实施步骤及代码。

① 使用"create"语句创建数据库。

```
# 创建图书馆数据库
MySQL> create database library;
```

② 使用"create"语句创建表"book"，以及表的结构。

```
create table book(
        book_id int,
```

```
            book_name varchar(50),
            book_author varchar(50),
            book_price decimal(6,1),
            Press char(50),
            ISBN char(17),
            book_copy int,
            book_inventory int
);
```

③ 使用 "alter database" 语句修改已经被创建或存在的数据库的相关参数。

```
alter database library
default character set gb2312
default collate gb2312_bin;
MySQL> show create database library;
+----------+-------------------------------------------------+
|database  |create database                                  |
+----------+-------------------------------------------------+
|library   |create database 'library' /*!40100 default character set gb2312
collate gb2312_bin */ /*!80016 default |encryption='N' */
+----------+-------------------------------------------------+
```

④ 使用 "alter" 语句给 "book" 表添加一列。

```
MySQL> alter table book add book_info varchar(50);
Records: 0  Duplicates: 0  Warnings: 0
# 查看 "book" 表结构
MySQL> desc book;
+---------------+--------------+------+-------+----------+-------+
|Field          |Type          |Null  |Key    |Default   |Extra  |
+---------------+--------------+------+-------+----------+-------+
|book_id        |int           |YES   |       |NULL      |       |
|book_name      |varchar(50)   |YES   |       |NULL      |       |
|book_author    |varchar(50)   |YES   |       |NULL      |       |
|book_price     |decimal(6,1)  |YES   |       |NULL      |       |
|Press          |char(50)      |YES   |       |NULL      |       |
|ISBN           |char(17)      |YES   |       |NULL      |       |
|book_copy      |int           |YES   |       |NULL      |       |
|book_inventory |int           |YES   |       |NULL      |       |
```

```
|book_info        |varchar(50)    |YES  |      |NULL         |        |
+---------------+---------------+------+------+-----------+--------+
```

⑤ 使用 "drop" 语句删除数据库、删除数据表。

```
MySQL> drop database library;
MySQL> drop table book;
```

⑥ 使用 "truncate" 语句从 "book" 表中删除所有记录，包括删除为记录分配的所有空间。

```
MySQL> truncate table book;
```

⑦ 使用 "rename" 语句将数据库中的 "book" 表重命名为 "book_1"。

```
MySQL> rename table book to book_1;
```

任务二　使用 MySQL DCL 命令列表

任务描述

DCL是数据控制语言，用于授予或撤销用户或角色对数据库及其内容的权限。DCL很简单，但是MySQL的权限比较复杂。本任务展示DCL的应用。

知识储备

数据控制语言(Data Control Language，DCL)

DCL命令有 "grant" 和 "revoke" 两种。

① grant：允许指定的用户执行指定的任务。例如，可以为新建的用户赋予查询所有的数据库和数据表的权限。

```
grant priv_type [(column_list)] ON database.table
TO user [IDENTIFIED BY [PASSWORD] 'password']
[, user[IDENTIFIED BY [PASSWORD] 'password']] ...
[WITH with_option [with_option]...]
```

语法说明：
- priv_type：表示权限类型。
- columns_list：表示权限作用于哪些列上，当省略该参数时，表示作用于整个表。
- database.table：用于指定权限的级别的值。
- user：表示用户账户，由用户名和主机名构成，格式是'username'@'hostname'。

- IDENTIFIED BY：为用户设置密码。
- PASSWORD：用户的密码。

在MySQL中可以授予的权限有如下几组：

- 列权限：和表中的一个具体列相关。例如，可以使用"update"语句更新表"Students"中 "name" 列的值的权限。
- 表权限：和一个具体表中的所有数据相关。例如，可以使用 "select" 语句查询表"Students" 的所有数据的权限。
- 数据库权限：和一个具体的数据库中的所有表相关。例如，可以在已有的数据库"mytest" 中创建新表的权限。
- 用户权限：和MySQL中所有的数据库相关。例如，可以删除已有的数据库或创建一个新的数据库的权限。

② revoke：取消以前授予或拒绝的权限。使用 "revoke" 语句删除某个用户的某些权限（此用户不会被删除），在一定程度上可以保证系统的安全性。

使用 "revoke" 语句删除权限的语法格式有以下两种。

第一种，删除用户某些特定的权限，语法格式如下：

```
revoke priv_type [(column_list)] ON database.table
from user [, user]...
```

"revoke" 语句中的部分参数与 "grant" 语句的参数意思相同。

语法说明：

- priv_type：表示权限的类型；
- column_list：表示权限作用于哪些列上，当没有该参数时，表示作用于整个表上；
- user：由用户名和主机名构成，格式是'username'@'hostname'。

第二种，删除特定用户的所有权限，语法格式如下：

```
revoke all privileges, grant option from user [, user] ...
```

语法说明：

- "revoke" 语句和 "grant" 语句的语法格式相似，但具有相反的效果。
- 要使用"revoke"语句，必须拥有MySQL数据库的全局 "create user" 权限或"update"权限。

③ 数据库权限类型说明。

数据库权限类型说明如表3-3所示。

表 3-3　数据库权限类型说明

权限名称	对应"user"表中的字段	说　明
SELECT	Select_priv	表示授予用户可以使用"select"语句访问特定数据库中的所有表和视图的权限
INSERT	Insert_priv	表示授予用户可以使用"insert"语句向特定数据库中的所有表添加数据行的权限
DELETE	Delete_priv	表示授予用户可以使用"delete"语句删除特定数据库中的所有表的数据行的权限
UPDATE	Update_priv	表示授予用户可以使用"update"语句更新特定数据库中的所有表的值的权限
REFERENCES	References_priv	表示授予用户可以创建指向特定的数据库中的表外键的权限
CREATE	Create_priv	表示授权用户可以使用"create table"语句在特定数据库中创建新表的权限
ALTER	Alter_priv	表示授予用户可以使用"alter table"语句修改特定数据库中的所有表的权限
SHOW VIEW	Show_view_priv	表示授予用户可以查看特定数据库中已有视图的视图定义的权限
CREATE ROUTINE	Create_routine_priv	表示授予用户可以为特定的数据库创建存储过程和存储函数的权限
ALTER ROUTINE	Alter_routine_priv	表示授予用户可以更新和删除数据库中已有的存储过程和存储函数的权限
INDEX	Index_priv	表示授予用户可以在特定数据库中的所有表上定义和删除索引的权限
DROP	Drop_priv	表示授予用户可以删除特定数据库中的所有表和视图的权限
CREATE TEMPORARY TABLES	Create_tmp_table_priv	表示授予用户可以在特定数据库中创建临时表的权限
CREATE VIEW	Create_view_priv	表示授予用户可以在特定数据库中创建新的视图的权限
EXECUTE ROUTINE	Execute_priv	表示授予用户可以调用特定数据库中的存储过程和存储函数的权限
LOCK TABLES	Lock_tables_priv	表示授予用户可以锁定特定数据库中的已有数据表的权限
ALL 或 ALL PRIVILEGES 或 SUPER	Super_priv	表示以上所有的权限/超级权限

在授予数据表权限时，其权限类型如表3-4所示。

表 3-4 数据表权限类型说明

权限名称	对应 "user" 表中的字段	说 明
SELECT	Select_priv	授予用户可以使用 "select" 语句进行访问特定表的权限
INSERT	Insert_priv	授予用户可以使用 "insert" 语句向一个特定表中添加数据行的权限
DELETE	Delete_priv	授予用户可以使用 "delete" 语句从一个特定表中删除数据行的权限
DROP	Drop_priv	授予用户可以删除数据表的权限
UPDATE	Update_priv	授予用户可以使用 "update" 语句更新特定数据表的权限
ALTER	Alter_priv	授予用户可以使用 "alter table" 语句修改特定数据表的权限
REFERENCES	References_priv	授予用户可以创建一个外键来参照特定数据表的权限
CREATE	Create_priv	授予用户可以使用特定的名字创建一个数据表的权限
INDEX	Index_priv	授予用户可以在表上定义索引的权限
ALL 或ALL PRIVILEGES或SUPER	Super_priv	所有的权限名

在授予列权限时，权限类型的值只能指定为 "select" "insert" "update"，同时在权限的后面需要加上列名列表 "column-list"。

最有效率的权限是用户权限。

在授予用户权限时，权限类型除了可以指定为授予数据库权限时的所有值，还可以是以下两个值。

● create user：表示授予用户可以创建和删除新用户的权限。
● show databases：表示授予用户可以使用 "show databases" 语句查看所有已存在的数据库的定义的权限。

任务实施

1. 任务实施流程

任务实施流程如表3-5所示。

表 3-5 任务实施流程

序 号	实施流程	功能描述/具体步骤
1	使用 "grant" 语句创建一个新用户，并使用该用户选择指定数据库，提示无权限，接下来用另一个已知账户登录，并对新用户进行授权	1. 创建一个新用户； 2. 对新用户授权
2	使用 "revoke" 语句删除用户权限	1. 删除特定用户的指定权限； 2. 删除特定用户的所有权限

2. 任务分组

确定分工，营造小组凝聚力和工作氛围，培养学生的团队合作、互帮互助精神，填写表3-6的内容。

表3-6　任务分组

组　　名			
组　　别			
团队成员	学　　号	角色职位	职　　责

恭喜你，已明确任务实施流程、完成任务分组，接下来进入任务实施。

3. 任务实施

任务实施步骤及代码。

① 使用"create"语句创建一个新用户"test"。

```
MySQL> create user 'test'@'localhost' identified by '123456';
```

② 用"test"用户操作，选择指定数据库——提示无权限。

```
MySQL> use library;
ERROR 1044 (42000): Access denied for user 'test'@'localhost' to database 'library'
```

③ 用"root"登录，对"test"用户进行授权。

```
MySQL> grant select,insert,update on library.* to 'test'@'localhost';
```

④ 用"test"用户登录，操作"library"数据库。

```
MySQL> use library;
Database changed
MySQL> select * from book;
```

⑤ 对于没有授予的权限，"test"用户无权限操作。

```
MySQL> drop table book;
ERROR 1142 (42000): DROP command denied to user 'test'@'localhost' for table 'book'
```

⑥ 使用 "revoke" 语句删除用户某些特定的权限。

```
MySQL> revoke select ON library.*  FROM 'test'@'localhost';
# 使用 "test" 账户登录后，执行 "select" 操作
MySQL> use library;
Database changed
MySQL> select * from book;
ERROR 1142 (42000): select command denied to user 'test'@'localhost' for table
'book'
```

⑦ 使用 "revoke" 语句删除用户某些所有的权限。

```
MySQL> revoke all privileges, grant option from 'test'@'localhost';
C:\>MySQL -utest -p
Enter password: ******
Welcome to the MySQL monitor.  Commands end with ; or \g.
MySQL> use library;
ERROR 1044 (42000): Access denied for user 'test'@'localhost' to database
'library'
```

拓展阅读

数据操纵语言

数据操纵语言（Data Manipulation Language，DML），用户通过它可以实现对数据库的基本操作。这些操作包括将数据插入数据表、检索现有数据、从现有表中删除数据及修改数据。

DML命令列表如下。

- select：从数据库中获取数据并对其执行操作。
- insert：向表中插入数据。
- update：更新表中的现有数据。
- delete：从表中删除数据。

DML命令语法将在后面的项目中进行深入的学习。

任务三 使用 MySQL 数据类型和常见的运算符进行运算

任务描述

MySQL数据库管理系统提供了数据类型定义表，用于存储数据的类型。通过查看帮助

文档可以发现，MySQL数据库管理系统提供了整数类型、浮点数类型、定点数类型、位类型、日期和时间类型、字符串类型。本任务介绍数据类型的应用。

知识储备

1. MySQL 中的数据类型

数据表由多列字段构成，每一个字段指定了不同的数据类型。指定字段的数据类型之后，也就决定了向字段插入的数据内容。例如，当要插入数值的时候，可以将它们存储为整数类型，也可以将它们存储为字符串类型；不同的数据类型也决定了MySQL在存储它们时使用的方式，以及在使用它们时选择什么运算符号进行运算。本任务将介绍MySQL中的数据类型和常见的运算符。

在MySQL中有三种主要的数据类型：字符串类型、数值类型、日期和时间类型。

（1）数值类型。

数值类型如表3-7所示。

表 3-7　数值类型

数据类型	字　　节	范围（有符号）	范围（无符号）
TINYINT	1	[-128,127]	[0,255]
SMALLINT	2	[-32768,32767]	[0,65535]
MEDIUMINT	3	[-8388608,8388607]	[0, 16777215]
INT	4	[-2147483648,2147483647]	[0,4294967295]
BIGINT	8	$[-2^{63}, 2^{63}-1]$	$[0, 2^{64}-1]$

需要注意的是，所有数字数据类型都可能有一个额外的选项："UNSIGNED"或"ZEROFILL"。如果添加"UNSIGNED"选项，MySQL不允许该列使用负值；如果添加"ZEROFILL"选项，MySQL还会自动将"UNSIGNED"属性添加到列。

在MySQL中使用浮点数和定点数表示小数，浮点数存储的为近似值。浮点类型有两种：单精度浮点类型（FLOAT）和双精度浮点类型（DOUBLE)，如表3-8所示。

表 3-8　浮点类型

数据类型	字　　节	范围（有符号）	范围（无符号）
FLOAT	4	[-3.402823466E+38，-1.175494351E-38]	[1.175494351E-38，3.402823466E+38]
DOUBLE	8	[-1.7976931348623157E+308，-2.2250738585072014E-308]	[0 和2.2250738585072014E-308，1.7976931348623157E+308]

浮点类型在数据库中存放的是近似值，而定点类型在数据库中存放的是精确值。当数据的精度很重要时使用定点类型，例如，货币数据，它包括"NUMERIC"和"DECIMAL"，在MySQL中，"NUMERIC"实现为"DECIMAL"。货币数据说明如表3-9所示。

表3-9 货币数据说明

数据类型	说 明
DECIMAL(P, S)	表示精确值,其中"P"是精度,"S"是小数位数,精度表示为值存储的有效位数,小数位数表示可以存储在小数点后的位数; 例如,DECIMAL(5,2),5是精度,2是小数位数,可以存储的值范围从-999.99到999.99

(2)字符串类型。

字符串类型包括"CHAR""VARCHAR""BINARY""VARBINARY""BLOB""TEXT""ENUM""SET"。

"CHAR"和"VARCHAR"类型相似,但它们的存储方式和检索方式不同,它们的最大长度及是否保留尾随空格也不同,如表3-10所示。

表3-10 字符串类型1

数据类型	说 明	字符长度
CHAR	固定长度字符串。当值存储在"CHAR"列中时,用空格填充到指定长度	[0,255]
VARCHAR	可变长度字符串	[0,65,535]

"BINARY"和"VARBINARY"的类型类似于"CHAR"和"VARCHAR",不同的是它们包含二进制字符串而不包含非二进制字符串,如表3-11所示。

表3-11 字符串类型2

数据类型	说 明	字节长度
BINARY	二进制串	[0,255]
VARBINARY	二进制串	[0,65,535]

"BLOB"是一个二进制大对象,可以保存可变数量的数据,它包括"TINYBLOB""BLOB""MEDIUMBLOB""LONGBLOB"四种类型。有四种"TEXT"类型分别与这四种"BLOB"类型对应,它们是"TINYTEXT""TEXT""MEDIUMTEXT""LONGTEXT"。表3-12列出了成对出现的MySQL字符串数据类型。

表3-12 成对出现的 MySQL 字符串数据类型

"BLOB"类型	"TEXT"类型	最大长度
TINYBLOB	TINYTEXT	255
BLOB	TEXT	65535
MEDIUMBLOB	MEDIUMTEXT	16777215
LONGBLOB	LONGTEXT	4294967295

"ENUM"数据类型是带有枚举值的字符串。"ENUM"允许设置预定义值的列表,最多可以在一个"ENUM"列表中指定65535个不同的值,然后选择其中任何一个。如果添加

一个未包含在列表中的无效值，将获得一个空字符串，如表3-13所示。

表 3-13　字符串类型 3

数据类型	说　　明
ENUM	只能有一个值的字符串对象，从可能的值列表中选择
SET	一个字符串对象，可以有0个或多个值（包含多个集合成员的列值，使用逗号分隔），从可能的值列表中选择。在一个集合列表中最多可以列出64个值

（3）日期和时间类型。

MySQL的日期和时间类型分为"DATE""TIME""DATETIME""TIMESTAMP""YEAR"，可存储出生日期或招聘日期、在表内创建或更新记录的日期和时间等。

表 3-14　日期类型

类　　型	字　　节	格　　式	范　　围
DATE	4	YYYY-MM-DD	从"1000-01-01"到"9999-12-31"
TIME	3	HH:MM:SS	从"-838:59:59"到"838:59:59"
DATETIME	8	YYYY-MM-DD HH:MM:SS	从"1000-01-01 00:00:00"到"9999-12-31 23:59:59"
TIMESTAMP	4	YYYY-MM-DD HH:MM:SS	UTC的范围：从"1970-01-01 00:00:01"到"2038-01-19 03:14:07"
YEAR	1	YYYY	从"1901"到"2155"

2. MySQL 常见的运算符

MySQL运算符应用于操作数以执行特定操作。MySQL主要有算术运算符、比较运算符、逻辑运算符和位运算符。

（1）算术运算符。

MySQL中的算术运算符如表3-15所示。

表 3-15　MySQL 中的算术运算符

操　作　符	描　　述	例　　子
+	两个操作数的加法	a + b
-	左操作数减去右操作数	a - b
*	两个操作数的乘法	a * b
/	左操作数除以右操作数	a / b
%	模数——左操作数除以右操作数的余数	a % b

（2）比较运算符。

比较运算符用来判断数字、字符串和表达式是否相等，如果相等，则返回值为"1"，否则返回值为"0"；如果有一个值是"NULL"，则比较结果是"NULL"。

MySQL中的比较运算符如表3-16所示。

表 3-16 MySQL 中的比较运算符

操 作 符	描 述	例 子
>	如果左操作数的值大于右操作数的值，则条件为真；如果不是，则为假	a > b
<	如果左操作数的值小于右操作数的值，则条件为真；如果不是，则为假	a < b
=	如果两个操作数的值相等，则条件为真；如果不是，则为假	a = b
!=	如果两个操作数的值不同，则条件为真；如果不是，则为假	a != b
>=	如果左操作数的值大于或等于右操作数，则条件为真；如果不是，则为假	a >= b
<=	如果左操作数的值小于或等于右操作数，则条件为真；如果不是，则为假	a <= b
<>	如果两个操作数的值不相等，则条件为真；如果不是，则为假	a <> b
BETWEEN	用于通过提供的最小值和最大值在一组值内进行搜索	
EXISTS	用于搜索表中是否存在满足查询中指定的特定条件的行	
OR	用于使用 "WHERE" 子句组合语句中的多个条件	
AND	允许在SQL语句的 "WHERE" 子句中存在多个条件	
NOT	颠倒了使用它的逻辑运算符的含义	
IN	用于比较文字值列表中的值	
ALL	将一个值与另一组值中的所有值进行比较	
ANY	根据指定的条件将一个值与列表中的任何值进行比较	
LIKE	使用通配符运算符将值与相似值进行比较	
IS NULL	将一个值与一个NULL 值进行比较	
UNIQUE	搜索指定表的每一行的唯一性（无重复）	

（3）逻辑运算符。

逻辑运算符用来判断表达式的真假。如果表达式是真，结果返回 "1"；如果表达式是假，结果返回 "0"。

MySQL中的逻辑运算符如表3-17所示。

表 3-17 MySQL 中的逻辑运算符

操 作 符	描 述
NOT,!	否定价值
AND,&&	逻辑与
OR,‖	逻辑或
XOR	逻辑异或

（4）位运算符。

位运算符是在二进制数上进行计算的运算符。位运算会先将操作数变成二进制数，进行位运算，然后再将计算结果从二进制数变回十进制数。

MySQL中的位运算符如表3-18所示。

表 3-18　MySQL 中的位运算符

位运算符	说　　明
&	按位与
|	按位或
^	按位异或
~	按位取反，反转所有比特
<<	按位左移
>>	按位右移

（5）运算符的优先级。

运算符的优先级决定了不同的运算符在表达式中计算的先后顺序，表3-19列出了MySQL中的各类运算符及其优先级。

表 3-19　MySQL 中的各类运算符及其优先级

优先级由低到高排列	运　算　符
1	=（赋值运算）、:=
2	||、OR
3	XOR
4	&&、AND
5	NOT
6	BETWEEN、CASE、WHEN、THEN、ELSE
7	=（比较运算）、<=>、>=、>、<=、<、<>、!=、IS、LIKE、REGEXP、IN
8	|
9	&
10	<<、>>
11	-（减号）、+
12	*、/、%
13	^
14	-（负号）、~（位反转）
15	!

从表3-19中可以看出，不同运算符的优先级是不同的。一般情况下，级别高的运算符优先进行计算，如果级别相同，MySQL按表达式的顺序从左到右依次计算。

另外，在无法确定优先级的情况下，可以使用圆括号"()"来改变优先级，这样既起到了优先的作用，又便于理解。

任务实施

1. 任务实施流程

任务实施流程如表3-20所示。

表 3-20　任务实施流程

序　号	实施流程	功能描述/具体步骤
1	使用算术运算符：加、减、乘、除、模	1. 设置几个数字； 2. 算术运算
2	使用比较运算符：数值之间的比较	1. 设置几个数字比较运算； 2. 设置几个字符或字符串之间的比较运算
3	使用逻辑运算符：逻辑非、逻辑与、逻辑或、逻辑异或	逻辑非
4	使用位运算符：位运算符是在二进制数上进行计算的运算符	位取反； 位右移

2. 任务分组

确定分工，营造小组凝聚力和工作氛围，培养学生的团队合作、互帮互助精神，填写表3-21的内容。

表 3-21　任务分组

组　名			
组　别			
团队成员	学　号	角色职位	职　责

恭喜你，已明确任务实施流程、完成任务分组，接下来进入任务实施。

3. 任务实施

任务实施步骤及代码。

① 使用算术运算符：加、减、乘、除、模。

```
# 从左往右的运算依次为：加、减、乘、除、模
MySQL> select 1+2,2-1,2*3,5/3,5%2;
```

```
+-------+-------+-------+---------+------+
|1+2    |2-1    |2*3    |5/3      |5%2   |
+-------+-------+-------+---------+------+
| 3     | 1     | 6     |1.6667   | 1    |
+-------+-------+-------+---------+------+
```

② 使用比较运算符处理数值之间的比较运算。

```
MySQL> use library;
MySQL> select 2<1,2>1,2=1,2!=1,3>=2,3<=2,3<>2;
+-------+-------+-------+-------+-------+------+-------+
|2<1    |2>1    |2=1    |2!=1   |3>=2   |3<=2  |3<>2   |
+-------+-------+-------+-------+-------+------+-------+
| 0     | 1     | 0     | 1     | 1     | 0    | 1     |
+-------+-------+-------+-------+-------+------+-------+
```

③ 使用逻辑运算符：逻辑非（NOT或!）。

```
MySQL> select !10,!(1-1),!-5,!NULL,!1+1,!(1+1),NOT 1+1;
+-------+-------+-------+-------+------+-------+----------+
|!10    |!(1-1) |!-5    |!NULL  |!1+1  |!(1+1) |NOT 1+1   |
+-------+-------+-------+-------+------+-------+----------+
| 0     | 1     | 0     | NULL  | 1    | 0     | 0        |
+-------+-------+-------+-------+------+-------+----------+
```

④ 使用位运算符：位取反。

"位取反"对操作数的二进制位做位取反操作，这里的操作数只能是一位数。下面看一个经典的位取反例子：对1做位取反，具体如下所示。

```
MySQL> select ~1,~ 18446744073709551614;
+--------------------+--------------------------+
|~1                  |~ 18446744073709551614    |
+--------------------+--------------------------+
|18446744073709551614 |                     1    |
+--------------------+--------------------------+
```

你知道吗?

　　结果可能让大家有些疑惑，1的位取反怎么会是这么大的数字呢?

　　来研究一下，在MySQL中，常量数字默认会以8个字节来表示，8个字节就是64位，常量1的二进制数表示为63个"0"加1个"1"，位取反后就是63个"1"加一个"0"，转换为二进制数后就是18446744073709551614。

　　⑤ 使用位运算符: 位右移。

　　"位右移"对左操作数向右移动右操作数指定的位数。例如，100>>3，就是对100的二进制数1100100右移3位，左边补0，结果是0001100，转换为二进制数是12，实际结果如下。

```
MySQL> select 100>>3;
+----------+
|100>>3    |
+----------+
|    12    |
+----------+
```

任务四　综合应用

任务描述

　　本任务分为以下两个子任务:

　　(1)"book"表记录了图书馆的书籍信息，在"book"表中进行数据的插入、修改、删除操作。

　　(2)北京冬奥会虽已结束，但在相关网站上仍然可阅读到奖牌榜、冬奥新闻等精彩资讯。这些资讯背后的数据，我们可以建立数据表对其进行插入、修改、删除操作。以金牌榜为例，建立一个"金牌榜"表，进行表数据的插入、修改、删除操作。

知识储备

1. 插入数据、修改数据、删除数据

(1)插入数据。

"insert into"语句用于在表中插入一条或多条记录，数据通常由在数据库服务器上运行的应用程序提供，其基本语法如下:

```
insert into table_name(column_1,column_2,..., column_n)
values(value_1, value_2,... column_n);
```

语法说明:

- insert into table_name：将新行添加到名为"table_name"的表中的命令。
- (column_1,column_2,…)：指定新行中要插入数据的列。
- values (value_1,value_2,…)：指定要添加到新行中的值。

"insert into"语句可以一次插入多行，基本语法是：

```
insert into table_name (column_1,column_2,column_3)
values(1,2,3), (4,5,6), (7,8,9);
```

在MySQL中使用子选择插入多条记录时，"insert into"语句的语法是：

```
insert into table_name (column_1, column_2, ... , column_n)
select expression_1,expression_2,...,expression_n from source_table
[where conditions];
```

还可将数据从一个表插入到另一个表中，基本语法是：

```
insert into table_name select * from source_table;
```

（2）修改数据。

如果需要修改MySQL表中的现有数据，可以使用"update"语句来执行此操作，这将修改任何MySQL表的任何字段值，其基本语法如下：

```
update table_name
set column_1 = new-value_1, column_2= new-value_2 [where condition]
```

语法说明：

- 可以完全更新一个或多个字段。
- 可以使用"where"子句指定任何条件。
- 可以一次更新单个表中的值。

当想要更新表中的选定行时，"where"子句非常有用。

（3）删除数据。

如果要从表中删除记录，则可以使用"delete from"语句。"delete from"语句用于从数据表中删除不再需要的行。它从表中删除整行并返回已删除行的计数，使用它可以方便从数据库中删除临时或过时的数据。"delete from"语句的基本语法如下：

```
delete from table_name [ where condition];
```

语法说明：

- 如果未指定"where"子句，则将从给定的MySQL表中删除所有记录。
- 可以使用"where"子句指定任何条件。
- 可以一次删除单个表中的记录。

当想要删除表中的选定行时，"where"子句非常有用。

任务实施

1. 任务实施流程

任务实施流程如表3-22所示。

表 3-22　任务实施流程

序　号	实施流程	功能描述/具体步骤
1	"book"表的操作	1. 建表； 2. 数据插入； 3. 数据修改； 4. 数据删除。
2	记录冬奥会中的奖牌榜信息表的操作	1. 建表； 2. 数据插入； 3. 数据修改； 4. 数据删除。

2. 任务分组

确定分工，营造小组凝聚力和工作氛围，培养学生的团队合作、互帮互助精神，填写表3-23的内容。

表 3-23　任务分组

组　　名			
组　　别			
团队成员	学　号	角色职位	职　责

恭喜你，已明确任务实施流程、完成任务分组，接下来进入任务实施。

3. 任务实施

（1）任务实施步骤及代码。

① 建表语句。

```
create table book(
'book_id' INT comment '书籍编号',
'book_name' VARCHAR(50) comment '书籍名称',
'book_author' VARCHAR(50) comment '作者',
```

```
'book_price' DECIMAL(6,1)  comment '价格',
'Press' CHAR(50)  comment '出版社',
'ISBN' CHAR(17) comment '国际标准书号',
'book_copy' INT comment '出版总数',
'book_inventory' INT  comment '库存数'
) DEFAULT CHARSET=utf8;
```

② 数据插入。

我们在这里插入4本书籍的数据，参考语句如下：

```
insert into book values
(101101,'HTML5秘籍','（美）Mattew MacDonald',89.0,'人民邮电出版社','978-7-
115-32050-6',50,20),
(101102,'PHP网站开发技术','唐俊',42.0,'人民邮电出版社','978-7-115-34805-
0',40,10),
(101103,'计算机网络与通信技术探索','周瑞琼',89.0,'中国水利水电出版社','978-7-
5170-2483-5',30,25) ,
(101104,'立德树人','戴丽红，潘光林',62.0,'电子科技大学出版社','978-7-5647-
3865-5',30,18) ;
```

③ 数据修改。

假如要修改书籍编号为"101101"的书籍，把它的名称改为"HTML5攻略"，参考语句如下：

```
update book set book_name = 'HTML5攻略' where book_id = 101101;
```

假如要修改书籍编号为"101101"的书籍，把它的名称改为"HTML5攻略"，并且出版社改为"电子工业出版社"，要更改的项用逗号隔开，参考语句如下：

```
update book set book_name = 'HTML5攻略', Press = '电子工业出版社'  where book_id
= 101101;
```

假如要修改书籍编号为"101101"和"101102"的书籍，把它们的价格上调"10%"，此时用到"in"运算符，参考语句如下：

```
update book set book_price = book_price*1.1 where book_id in(101101,101102);
```

假如要修改书籍编号以"1011"开头的书籍，把它们的价格上调"10%"，此时用到"like"运算符，参考语句如下：

```
update book set book_price = book_price*1.1  where book_id like '1011%';
```

假如要修改书籍编号以"104"结尾的书籍，把它们的价格上调"10%"，此时用到"like"运算符，参考语句如下：

```
update book set book_price = book_price*1.1 where book_id like '%104';
```

假如要修改书籍编号以"104"或"103"结尾的书籍，把它们的价格上调"10%"，此时用到"like"运算符，参考语句如下：

```
update book set book_price = book_price*1.1 where book_id like '%104' or
book_id like '%103'
```

假如要修改书籍价格，出版社为"人民邮电出版社"的价格上调"10%"，出版社为"中国水利水电出版社"的价格上调"12%"，其他出版社的价格上调"13%"，此时用到"case when"语句，参考语句如下：

```
update book
set book_price =
case
    when Press = '人民邮电出版社' then book_price*1.10
    when Press = '中国水利水电出版社' then book_price*1.12
    else  book_price*1.13
end;
```

④ 数据删除。

假如要删除价格低于"50"的记录，参考语句如下：

```
delete from book where book_price < 50;
```

假如要删除价格低于"50"，且出版社为"电子工业出版社"的记录，此时用到"where"和"and"语句，参考语句如下：

```
delete from book where book_price < 50 and Press = '电子工业出版社' ;
```

假如要删除价格位于"50"到"100"之间的记录，此时用到"between"和"and"语句，参考语句如下：

```
delete from book where book_price between  50 and 100 ;
```

假如要删除价格位于"50"到"100"之间，且出版社为"电子工业出版社"的记录，此时用到"between"和"and"语句，参考语句如下：

```
delete from book where book_price between  50 and 100 and Press = '电子工业出版社';
```

（2）记录冬奥会中的奖牌榜信息。

① 建表语句。

奖牌榜包含的字段为名次、国家、金牌数、银牌数、铜牌数、奖牌总数，参考语句如下：

```
create table medalList (
 id int primary key auto_increment NOT NULL comment '自增长序列',
 ranking int(10) NOT NULL comment '名次',
 country varchar(15) NOT NULL comment '国家',
 goldMedalsNum int(10)  DEFAULT 0  comment '金牌数' ,
 silverMedalsNum int(10)  DEFAULT 0  comment '银牌数' ,
 bronzeMedalsNum int(10)  DEFAULT 0  comment '铜牌数' ,
 totalNum int(10)  DEFAULT 0  comment '奖牌总数'
)  DEFAULT CHARSET=utf8;
```

② 插入数据。

在这里插入奖牌榜前6名的数据，参考语句如下：

```
insert into medalList(ranking,country,goldMedalsNum,silverMedalsNum,bronze
MedalsNum,totalNum)
  values(1,'挪威',16,8,13,37),(2,'德国',12,10,5,27),(3,'中国',9,4,2,15),(4,
'美国',8,10,7,25),(5,'瑞典',8,5,5,18),(6,'荷兰',8,5,4,17);
```

③ 修改数据。

假如要修改中国的金牌数，让数量加"1"，总数加"1"，参考语句如下：

```
update medalList set goldMedalsNum = goldMedalsNum + 1, totalNum = totalNum
+ 1 where country = '中国';
```

假如要修改奖牌榜排名前3的国家金牌数，让金牌数都加"1"，总数加"1"，参考语句如下：

```
update medalList set goldMedalsNum = goldMedalsNum + 1,totalNum = totalNum
+ 1 where ranking < 4;
```

假如要修改奖牌榜排名后3的国家金牌数，让银牌数加"1"，铜牌数加"2"，总数加"3"，参考语句如下：

```
update medalList set silverMedalsNum= silverMedalsNum+ 1, bronzeMedalsNum
= bronzeMedalsNum + 2 ,  totalNum = totalNum + 3 where ranking > 3;
```

假如经常让金牌数、银牌数、铜牌数不断发生更改，则可能忽略奖牌总数的及时更新，此时我们可以重新统计奖牌总数，参考语句如下：

```
update medalList set totalNum = goldMedalsNum + silverMedalsNum +
bronzeMedalsNum ;
```

④ 删除数据。

假如要删除排名为"6"的这条记录，参考语句如下：

```
delete from medalList where ranking = 6;
```

假如要删除国家为"瑞典"的这条记录，参考语句如下：

```
delete from medalList where country = '瑞典';
```

假如要删除排名为"5"之后的记录，参考语句如下：

```
delete from medalList where ranking > 5;
```

假如要删除排名位于"5"到"7"之间的记录，参考语句如下：

```
delete from medalList where ranking between 5 and 7;
```

或者：

```
delete from medalList where ranking in (5,6,7);
```

项目评价

1. 小组自查

小组内进行自查，填写表3-24的内容。

表 3-24　预验收记录

组　名		完成情况				
任务序号	任务名称	验收任务	验收情况	整改措施	完成时间	自我评价
1						
2						
3						
4						
验收结论：						

2. 项目提交

组内验收完成，各小组交叉验收，填写表3-25的内容。

表 3-25　小组验收报告

组　　名		完成情况				
任务序号	任务名称	验收时间	存在问题	验收结果	验收评价	验收人
1						
2						
3						
4						
验收结论：						

3. 展示评价

各小组展示作品，介绍任务的完成过程、运行结果，整理代码、技术文档，进行小组自评、组间互评、教师评价，填写表3-26的内容。

表 3-26　考核评价表

序号	评价项目	评价内容	分值	小组自评（30%）	组间互评（30%）	教师评价（40%）	合计
1	职业素养（30分）	分工合理，制订计划能力强，严谨认真	5				
		爱岗敬业，责任意识，服从意识	5				
		团队合作、交流沟通、互相协作、互相分享	5				
		遵守行业规范、职业标准	5				
		主动性强，保质保量完成相关任务	5				
		能采取多样化手段收集信息、解决问题	5				
2	专业能力（60分）	任务流程明确	10				
		程序设计合理、熟练	10				
		代码编写规范、认真	10				
		项目提问回答正确	10				
		项目结果正确	10				
		技术文档整理完整	10				
3	创新意识（10分）	创新思维和行动	10				
合计			100				
评价人：			时间：				

项目复盘

1. 总结归纳

恭喜你,已完成项目实施,本项目对如何准确定义MySQL数据库字段的基本数据类型、如何运用MySQL数据库的基本运算符,以及如何使用SQL语句完成插入、修改、删除操作进行了详细的讲解。本项目的重点内容是熟练掌握MySQL的各种基本操作。

2. 存在问题

反思在本项目学习过程中自身存在的问题并填写表3-27的内容。

表 3-27 项目优化表

序 号	存在问题	优化方案	是否完成	完成时间
1				
2				

恭喜你,已完成项目评价和复盘。

本项目主要讲解SQL语法的基础知识,常见的MySQL数据类型、运算符与MySQL的基本操作,如插入、修改、删除,举例说明了插入、修改、删除语句在自建的奥运奖牌表中的应用。通过本章的四个任务,同学们能够根据现实需求定义表,准确定义表名称对应的字段类型,并编写基本的插入、修改、删除语句进行测试,观察结果是否正确。本项目的学习为后面更复杂的插入、修改、删除语句,特别是查询语句的书写打下了扎实的基础。

习题演练

(1)在奖牌表"medalList"中增加两条记录,删除金牌数为"特定数量"的那条记录。

(2)修改"book"表,对价格低于"30元"的每本书价格上调"2元"。

项目实训

上机练习主要针对本章中需要重点掌握的知识点,以及在程序中容易出错的内容进行练习,通过上机练习可以考察学生对知识点的掌握情况和对代码的熟练程度。

在"图书馆"数据库中,新建一张积分表"tb_credit",要求包含自增长字段、读者编号、姓名、积分,读者每借一本书,积分增加1分。

要求如下:

(1)向积分表增加三个读者记录,名字为"张三""李四""王五",积分初始化为8、9、10。

(2)修改积分表,将姓名为"张三"的读者积分加2,"王五"的积分加5。

(3)删除积分低于"10分"的读者记录。

项目四 MySQL 查询

思维导图

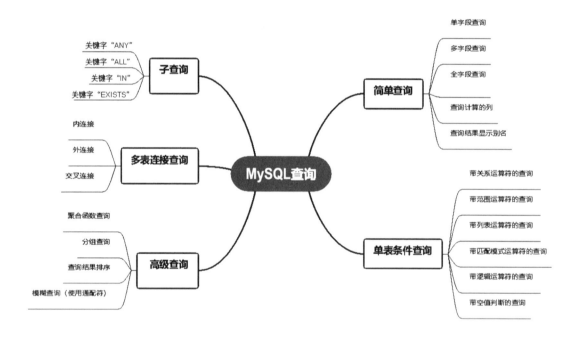

项目导言

　　数据存储到数据库后，只有对其进行分析和利用才能发挥数据应有的价值。在此之前，我们已经学习过了数据的插入、修改和删除。现在来学习数据查询的相关操作。

　　数据查询是用户对数据库使用频率较高的操作，通过查询操作，用户可以从数据库中获取需要的数据或一些统计结果。

任务一 简 单 查 询

任务描述

本任务将对"library"数据库的数据表做简单查询操作。这里的"简单"指的是单表查询，即查询的数据项在一个表中，如果要筛选行，筛选的条件也在同一个表中。

知识储备

在数据库中进行查询操作需要通过"select"语句，"select"语句可由多个子句构成，其基本语法格式如下：

```
select <表达式列表> from <表名>;
```

在执行查询操作的语句中，"select"子句与"from"子句是不可缺少的。"select"子句用于指定输出的字段；"from"子句用于指定数据的来源。

任务准备

在"library"数据库中添加"book"表。本任务所涉及的查询均在"book"表中进行，"book"表结构如表4-1所示，"book"表数据如表4-2所示。

表 4-1 "book"表结构

列 名	含 义	类 型	长 度	小 数 点	非 空
book_id	书籍id	INT		0	√
book_name	书名	VARCHAR	50	0	√
author	作者	VARCHAR	50	0	
price	价格	DECIMAL	6	1	
Press	出版社	CHAR	50	0	

表 4-2 "book"表数据

book_id	book_name	author	price	Press
101101	HTML5秘籍	Mattew	89.0	人民邮电出版社
101102	PHP网站开发技术	唐俊	42.0	人民邮电出版社
101103	计算机网络与通信技术	周瑞琼	89.0	中国水利水电出版社
101104	立德树人	戴丽红	62.0	电子科技大学出版社
101105	数据结构理论与实践	奚小玲	72.0	东北大学出版社

创建"book"表的命令如下：

```
create table book (
  'book_id' int(0) NOT NULL,
  'book_name' varchar(50) NOT NULL,
  'author' varchar(50) NULL DEFAULT NULL,
  'price' decimal(6, 1) NULL DEFAULT NULL,
  'Press' char(50) NULL DEFAULT NULL,
  primary key ('book_id') USING BTREE
)
```

为"book"表添加数据的命令如下：

```
insert into book values (101101,'HTML5秘籍', 'Mattew',89.0,'人民邮电出版社');
insert into book values(101102,'PHP网站开发技术','唐俊',42.0,'人民邮电出版社');
insert into book values (101103,'计算机网络与通信技术','周瑞琼',89.0, '中国水利水电出版社');
insert into book values (101104,'立德树人','戴丽红',62.0,'电子科技大学出版社');
insert into book values (101105,'数据结构理论与实践','奚小玲',72.0,'东北大学出版社');
```

任务实施

1. 任务实施流程

任务实施流程如表4-3所示。

表 4-3 任务实施流程

序 号	实施流程	功能描述/具体步骤
1	单字段查询	在"select"子句的"<表达式列表>"中指定要查询的字段
2	多字段查询	在"select"子句的"<表达式列表>"中指定要查询的多个字段，字段与字段间使用","隔开
3	全字段查询	在"select"子句的"<表达式列表>"中列出所有的字段；如果列的显示顺序与其在表中定义的顺序相同，则可以简单地在"<表达式列表>"中使用"*"来代替所有的字段名
4	查询经过计算的列	"select"子句中的"<表达式列表>"可以是表中存在的字段列，也可以是表达式、常量或函数
5	查询结果显示别名	在"select"语句中添加关键字"AS"，对查询结果指定列并设置别名

2. 任务分组

确定分工，营造小组凝聚力和工作氛围，培养学生的团队合作、互帮互助精神，填写

表4-4的内容。

表 4-4 任务分组

组 名			
组 别			
团队成员	学 号	角色职位	职 责

恭喜你，已明确任务实施流程、完成任务分组，接下来进入任务实施。

3. 任务实施

（1）单字段查询。

在很多情况下，用户只对表中的一部分内容感兴趣。例如，要查询图书馆中的藏书都是由哪些出版社出版的。

即：在"book"表中查询"Press"字段。

在查询中输入如下命令：

```
select Press from book;
```

查询结果如下所示：

```
MySQL> select Press from book;
+------------------+
|Press             |
+------------------+
|人民邮电出版社     |
|人民邮电出版社     |
|中国水利水电出版社  |
|电子科技大学出版社  |
|东北大学出版社     |
+------------------+
```

代码分析

可以看到查询后出现了5行结果。但在上述的查询结果中"人民邮电出版社"出现了两次。虽然在"book"表中确实存在两本书都为该出版社出版的情况，但显然在实际情况中并不需要重复的结果出现。那么要如何避免查询结果出现重复内容呢？

```
select DISTINCT press from book;
```

与关键字"DISTINCT"相对应的是关键字"ALL",即在查询结果中输出所有的内容,且"ALL"为默认值。

(2)多字段查询。

刚刚学习了如何查询数据库中表内的单列数据,若现在需要了解刚刚查询的出版社分别对应的是哪本藏书,又该如何操作呢?

这就需要了解如何使用"select"语句实现多字段查询,而上述问题即:在"book"表中查询"Press"和"book_name"字段。

在查询中输入如下命令:

```
select DISTINCT Press,book_name from book;
```

查询结果如下所示:

```
MySQL> select DISTINCT Press,book_name from book;
+--------------------+--------------------+
|Press               |book_name           |
+--------------------+--------------------+
|人民邮电出版社      |HTML5秘籍           |
|人民邮电出版社      |PHP网站开发技术     |
|中国水利水电出版社  |计算机网络与通信技术|
|电子科技大学出版社  |立德树人            |
|东北大学出版社      |数据结构理论与实践  |
+--------------------+--------------------+
```

代码分析

根据查询结果可以看到,最终输出结果的字段顺序与查询语句中的字段顺序一致,而与数据表内存储的字段顺序不一致。在查询结果列表中的字段顺序和表中字段定义的顺序可以不一样。

(3)全字段查询。

要求:查询图书馆中所有藏书的详细信息,要如何实现?

即:在"book"表中查询所有字段。

在查询中输入如下命令：

```
select book_id,book_name,author,price,Press from book;
```

等价于：

```
select * from book;
```

查询结果如下所示：

```
MySQL> select * from book;
+----------+------------------+----------+-------+------------------+
|book_id   |book_name         |author    |price  |Press             |
+----------+------------------+----------+-------+------------------+
| 101101   |HTML5秘籍         |Mattew    | 89.0  |人民邮电出版社    |
| 101102   |PHP网站开发技术   |唐俊      | 42.0  |人民邮电出版社    |
| 101103   |计算机网络与通信技术 |周瑞琼 | 89.0  |中国水利水电出版社 |
| 101104   |立德树人          |戴丽红    | 62.0  |电子科技大学出版社 |
| 101105   |数据结构理论与实践 |奚小玲   | 72.0  |东北大学出版社    |
+----------+------------------+----------+-------+------------------+
```

代码分析

　　通过对"book"表的全字段查询，在查询结果中会显示数据表内存储的所有信息，并且显示顺序与表中字段定义的顺序一致。

（4）查询经过计算的列。

　　在"book"表中存储着每本书的价格。现有书店开业酬宾，将所有书籍八折出售。如何快速得到每本书籍的折后价？

　　即：在"book"表中查询"price"字段，并将其结果计算后呈现。

　　在查询中输入如下命令：

```
select book_name,price,price*0.8 from book;
```

查询结果如下所示：

```
MySQL> select book_name,price,price*0.8 from book;
+----------------------+-------+----------+
|book_name             |price  |price*0.8 |
+----------------------+-------+----------+
|HTML5秘籍             | 89.0  | 71.20    |
|PHP网站开发技术       | 42.0  | 33.60    |
```

```
                       |计算机网络与通信技术   | 89.0  |    71.20   |
                       |立德树人           | 62.0  |    49.60   |
                       |数据结构理论与实践   | 72.0  |    57.60   |
                       +--------------------+-------+----------+
```

代码分析

观察以上的查询结果可知，对于数据表中存储的数字类型的数据，可以在查询过程中直接对其进行计算，然后再输出结果。

（5）查询结果显示列别名。

从刚才的查询结果可以看到，经过计算的列，显示结果的列标题为查询时所使用的表达式。能否将查询结果中显示的列标题更改为用户需要的字段？

即：查询相应字段并在结果中显示列别名。

指定列别名的语法格式为：

字段|表达式 [AS] 列别名

或

字段|表达式 列别名

在查询中输入如下命令：

```
select book_name as 书名,price 原价,price*0.8 as 折后价
from book;
```

查询结果如下所示：

```
MySQL> select book_name as 书名,price 原价,price*0.8 as 折后价
-> from book;

+--------------------+-------+-------+
|书名                 |原价   |折后价  |
+--------------------+-------+-------+
|HTML5秘籍            |89.0   |  71.20 |
|PHP网站开发技术       |42.0   |  33.60 |
|计算机网络与通信技术   |89.0   |  71.20 |
|立德树人              |62.0   |  49.60 |
|数据结构理论与实践    |72.0   |  57.60 |
+--------------------+-------+-------+
```

代码分析

　　在上述查询所使用的查询命令中，同时使用了两种指定列别名的方法，可以看到两种方法并不冲突，在查询结果中都正常显示其列别名。

任务实战

　　我们已经学习了MySQL简单查询的相关内容，下面让我们来检验学习的成果吧。

实战流程

（1）建立"Students"数据库。

（2）在"Students"数据库中新建"Student"数据表。

（3）在"Student"数据表中添加如图4-1所示的学生信息。

```
+-------+----------+----------+------+------------+----------+-------+
| sno   | sname    | nation   | ssex | birthday   | sdept    | class |
+-------+----------+----------+------+------------+----------+-------+
| 95001 | 王明     | 汉族     | 男   | 2000-01-01 | 计算机   | 1     |
| 95002 | 刘晨     | 汉族     | 女   | 2001-03-11 | 动漫     | 2     |
| 95003 | 王敏     | 蒙古族   | 女   | 2001-01-05 | 数学     | 3     |
| 95004 | 张立     | 苗族     | 女   | 2000-07-01 | 通信     | 1     |
| 95005 | 武鸣一   | 汉族     | 男   | 2001-11-01 | 电子     | 1     |
| 95006 | 贺小草   | 土族     | 女   | 2000-08-09 | 电子     | 2     |
| 95007 | 曹明     | 汉族     | 女   | 2001-01-01 | 计算机   | 2     |
| 95008 | 吴文华   | 汉族     | 男   | 2000-01-30 | 软件     | 1     |
| 95009 | 欧阳静   | 汉族     | 女   | 2000-01-24 | 软件     | 3     |
+-------+----------+----------+------+------------+----------+-------+
```

图 4-1　学生信息

（4）完成以下几点要求：

① 查询全体学生的所有信息；

② 查询全体学生的学号、姓名及班级信息；

③ 查询全体学生的学号、课程号和每门成绩加10分后的成绩；

④ 查询前3条学生的姓名及班级。

任务二　单表条件查询

任务描述

　　使用"select"语句对"library"数据库做单表条件查询操作，就是在简单查询的基础上增加了对数据表记录的有条件筛选操作。单表条件查询要用到"where"子句及常用的运算符（包括关系运算符、范围运算符、列表运算符、模式匹配运算符、空值判断运算符、逻辑运算符）。

知识储备

实施单表条件查询任务要用到的语法格式如下：

```
select    <表达式列表>
from      <表名>
where     <查询条件>;
```

"select"子句用于筛选列，"where"子句则用于筛选行，把满足查询条件的那些记录给筛选出来，实现对单表的有条件查询。"where"子句中常用的运算符如表4-5所示。

表4-5   "where"子句中常用的运算符

查询条件	运 算 符
关系运算符	=、>、>=、<、<=、<> 或(!=)
范围运算符	[NOT]BETWEEN...AND
列表运算符	[NOT]IN
模式匹配运算符	[NOT]LIKE
空值判断运算符	IS[NOT]NULL
逻辑运算符	NOT、AND、OR

（1）关系运算符。

关系运算符又叫比较运算符，用于比较两个表达式的值，用关系运算符来限定查询条件。语法格式如下：

```
where  表达式1  关系运算符  表达式2
```

（2）范围运算符。

在"where"子句中可以使用"BETWEEN...AND"关键字查找介于某个范围内的数据，还可以在前面加上"NOT"关键字表示查找不在某个范围内的数据。

语法格式如下：

```
where 表达式 [NOT]BETWEEN 初始值AND 终止值
```

上一条件子句等价于：

```
where [NOT](表达式>=初始值AND 表达式<=终止值)
```

（3）列表运算符。

在"where"子句中可以使用"IN"关键字指定一个值表，值表中列出所有可能的值，当要判断的表达式与值表中的任一个值匹配时，结果返回"true"，否则为"false"。可以在"IN"前面加上"NOT"关键字，表示当要判断的表达式与值表中的任一个值不匹配时，结果返回"true"，否则为"false"。

语法格式如下：

```
where 表达式 [NOT] IN(值1,值2,…值n)
```

（4）模式匹配运算符。

在"where"子句中使用运算符"[NOT] LIKE"可以实现对字符串的模糊查找，语法格式如下：

```
where 字段名 [NOT] LIKE '字符串' [ESCAPE '转义字符']
```

（5）空值判断运算符。

在"where"子句中当要判断某个字段的值是否为空值时，需要使用"IS NULL"或"IS NOT NULL"关键字，语法格式如下：

```
where 字段名IS [NOT] NULL
```

初学者很容易把判断字段是否为空值写成"字段名=NULL"，这是错误的表达方式，只有在"update"语句中把字段值更新为"NULL"时才这么写。

（6）逻辑运算符。

逻辑运算符可以将多个查询条件连接起来组成更为复杂的查询条件。"where"子句可以使用的逻辑运算符有"NOT""AND""OR"。

语法格式如下：

```
where NOT表达式  |表达式1 {AND|OR} 表达式2
```

任务准备

在"library"数据库中添加"books"表。"books"表根据学习需要在"book"表的基础上进行了一些修改。本任务所涉及的查询均在"books"表中进行，"books"表结构如表4-6所示，"books"表数据如表4-7所示。

表 4-6　"books"表结构

列　名	含　义	类　型	长　度	小数点	非　空
book_id	书籍 id	INT		0	√
book_name	书名	VARCHAR	50	0	√
author	作者	VARCHAR	50	0	
price	价格	DECIMAL	6	1	
Press	分类	CHAR	50	0	

表 4-7　"books" 表数据

book_id	book_name	author	price	class
101101	HTML5秘籍	Mattew	89.0	软件
101102	PHP网站开发技术	唐俊	42.0	软件
101103	计算机网络与通信技术探索	周瑞琼	89.0	通信
101104	立德树人	戴丽红	62.0	
101105	数据结构理论与实践	奚小玲	72.0	软件
101106	大数据技术导论	程县毅	39.0	通信
101107	C++程序设计	汪菊晴	59.8	软件
101108	Python编程基础	周志化	45.0	软件
101109	通信原理	周勇	38.0	通信
101110	大学生创新创业基础	刘彪文	38.0	

创建 "books" 表的命令如下：

```
create table books  (
  'book_id' int(0) NOT NULL,
  'book_name' varchar(50) NOT NULL,
  'author' varchar(50)  NULL DEFAULT NULL,
  'price' decimal(6, 1) NULL DEFAULT NULL,
  'class' char(50) i NULL DEFAULT NULL,
  primary key ('book_id') USING BTREE )
```

为 "books" 表添加数据的命令如下：

```
insert into books values (101101,'HTML5秘籍','Mattew',89.0,'软件');
insert into books values (101102,'PHP网站开发技术','唐俊',42.0,'软件');
insert into books values (101103,'计算机网络与通信技术','周瑞琼',89.0,'通信');
insert into books values (101104,'立德树人','戴丽红',62.0,NULL);
insert into books values (101105,'数据结构理论与实践','奚小玲',72.0,'软件');
insert into books values (101106,'大数据技术导论','程县毅',39.0,'通信');
insert into books values (101107,'C++程序设计','汪菊晴',59.8,'软件');
insert into books values (101108,'Python编程基础','周志化',45.0,'软件');
insert into books values (101109,'通信原理','周勇',38.0,'通信') ;
insert into books values (101110,'大学生创新创业基础','刘彪文',38.0,NULL);
```

任务实施

1. 任务实施流程

任务实施流程如表4-8所示。

表 4-8　任务实施流程

序　号	实施流程	功能描述/具体步骤
1	关系运算符的使用	使用关系运算符来限定查询条件
2	范围运算符的使用	使用"BETWEEN...AND"运算符查找介于某个范围内的数据
3	列表运算符的使用	使用"IN"关键字指定一个值表，在值表中列出所有需要的值
4	模式匹配运算符的使用	使用运算符LIKE ' 字符串 ' 可以实现对指定字符串的查找
5	空值判断运算符的使用	使用"IS NULL"运算符，判断指定字段值是否为空
6	逻辑运算符的使用	使用逻辑运算符将多个查询条件连接起来

2. 任务分组

确定分工，营造小组凝聚力和工作氛围，培养学生的团队合作、互帮互助精神，填写表4-9的内容。

表 4-9　任务分组

组　　名			
组　　别			
团队成员	学　　号	角色职位	职　　责

恭喜你，已明确任务实施流程、完成任务设计，接下来进入任务实施。

3. 任务实施

（1）关系运算符。

要求：查询书本价格在"40元"以下的书籍相关信息。

即：使用关系运算符查询"books"表中"price"字段小于"40"的书籍信息。

在查询中输入如下命令：

```
select * from books
where price < 40;
```

查询结果如下所示：

```
MySQL> select * from books
-> where price < 40;
+---------+--------------------+--------+-------+------+
|book_id  |book_name           |author  |price  |class |
+---------+--------------------+--------+-------+------+
| 101106  |大数据技术导论       |程县毅  | 39.0  |通信  |
| 101109  |通信原理             |周勇    | 38.0  |通信  |
| 101110  |大学生创新创业基础   |刘彪文  | 38.0  |NULL  |
+---------+--------------------+--------+-------+------+
```

代码分析

因为关系运算符涉及了大小的比较，所以使用关系运算符进行筛选的前提是：该字段为可比较的类型，例如，数字类型的"3>2"，字母类型的"c>b"。

（2）范围运算符。

要求：查询价格在"40元"至"60元"之间的书籍相关信息。

即：使用范围运算符查询"books"表中"price"字段介于"40"与"60"之间的书籍信息。

在查询中输入如下命令：

```
select * from books
where price BETWEEN 40 AND 60;
```

在上一命令中，"where"子句中的条件表达式等价于：

```
price >=40 AND price <=60;
```

查询结果如下所示：

```
MySQL> select * from books
-> where price >=40 AND price <=60;
+---------+--------------------+--------+-------+------+
|book_id  |book_name           |author  |price  |class |
+---------+--------------------+--------+-------+------+
| 101102  |PHP网站开发技术      |唐俊    | 42.0  |软件  |
| 101107  |C++程序设计          |汪菊晴  | 59.8  |软件  |
| 101108  |Python编程基础       |周志化  | 45.0  |软件  |
+---------+--------------------+--------+-------+------+
```

代码分析

范围运算符的使用与关系运算符类似，也涉及了大小的比较，所以使用范围运算符进行筛选也要求该字段为可比较的类型。

（3）列表运算符。

要求：查询"101103""101105""101108"这三本书籍的基本信息。

即：使用列表运算符查询"books"表中"book_id"字段与列表内值一致的书籍信息。

在查询中输入如下命令：

```
select * from books
where book_id IN('101103','101105','101108') ;
```

在上一命令中，"where"子句中的条件表达式等价于

```
book_id='101103' OR book_id='101105' OR book_id='101108';
```

查询结果如下所示：

```
MySQL> select * from books
-> where book_id IN('101103', '101105', '101108') ;
+----------+-------------------+----------+-------+------+
|book_id   |book_name          |author    |price  |class |
+----------+-------------------+----------+-------+------+
| 101103   |计算机网络与通信技术 |周瑞琼     | 89.0  |通信   |
| 101105   |数据结构理论与实践   |奚小玲     | 72.0  |软件   |
| 101108   |Python编程基础      |周志化     | 45.0  |软件   |
+----------+-------------------+----------+-------+------+
```

代码分析

若在值表中有数据表内未存储的数据，则在查询过程中会直接略过。

（4）模式匹配运算符。

要求：查询所有分类为"软件"的书籍基本信息。

即：在"books"表中查询"class"字段与指定字符串匹配的书籍信息。

在查询中输入如下命令：

```
select * from books
where class LIKE '软件';
```

查询结果如下所示：

```
MySQL> select * from books
-> where class LIKE '软件';
+-----------+--------------------+----------+--------+------+
|book_id    |book_name           |author    |price   |class |
+-----------+--------------------+----------+--------+------+
| 101101    |HTML5秘籍           |Mattew    | 89.0   |软件  |
| 101102    |PHP网站开发技术      |唐俊      | 42.0   |软件  |
| 101105    |数据结构理论与实践    |奚小玲    | 72.0   |软件  |
| 101107    |C++程序设计          |汪菊晴    | 59.8   |软件  |
| 101108    |Python编程基础       |周志化    | 45.0   |软件  |
+-----------+--------------------+----------+--------+------+
```

代码分析

关键字"LIKE"若不搭配通配符使用，则等价于"="，例如，字段="字符串"。运算符"[NOT] LIKE"搭配通配符可以实现对字符串的模糊查找。对于通配符的使用会在后续模块中进行学习。

（5）空值判断。

要求：查询分类信息为空值的书籍的相关信息。

即：在"books"表中查询"class"字段为"NULL"的书籍信息。

在查询中输入如下命令：

```
select * from books
where class IS NULL;
```

查询结果如下所示：

```
MySQL> select * from books
-> where class IS NULL;
+-----------+--------------------+--------+-------+------+
|book_id    |book_name           |author  |price  |class |
+-----------+--------------------+--------+-------+------+
| 101104    |立德树人             |戴丽红  | 62.0  |NULL  |
| 101110    |大学生创新创业基础    |刘彪文  | 38.0  |NULL  |
+-----------+--------------------+--------+-------+------+
```

　　（6）逻辑运算符的使用。

　　要求：查询价格在"50元"内且为软件专业的书籍信息。

　　即：在"books"表中查询满足"price"字段小于"50"，且"class"字段为"软件"的书籍信息。

　　在查询中输入如下命令：

```
select * from books
where price < 50 AND class='软件';
```

　　查询结果如下所示：

```
MySQL> select * from books
-> where price < 50 AND class='软件';
+-----------+----------------+--------+-------+-------+
|book_id    |book_name       |author  |price  |class  |
+-----------+----------------+--------+-------+-------+
| 101102    |PHP网站开发技术   |唐俊     | 42.0  |软件    |
| 101108    |Python编程基础    |周志化   | 45.0  |软件    |
+-----------+----------------+--------+-------+-------+
```

任务实战

　　我们已经学习了MySQL单表条件查询的相关内容，下面让我们来检验学习的成果吧。

1. 实战流程

　　（1）本次实战沿用任务一实战中的"Students"数据库和"Student"数据表。

　　（2）完成以下几点要求：

　　① 查询所有1班的学生信息；

　　② 查询成绩在75至85之间的学生信息；

③ 查询没有填写班级信息的学生的学号；

④ 查询1班男生的学号及姓名。

任务三　聚合函数查询

任务描述

使用"select"语句对"library"数据库做单表统计查询操作，单表统计查询要用到常用聚合函数（计数、求和、求平均值、求最大值、求最小值）、"GROUP BY"子句和"HAVING"子句。

知识储备

单表统计查询的语法格式如下：

```
select [ALL|DISTINCT] 表达式列表
from  基本表名
[where  行筛选条件
[GROUP BY 分组列名表
[HAVING 组筛选条件] ]
```

（1）MySQL常用聚合函数如表4-10所示。

表 4-10　MySQL 常用聚合函数

函 数 名	具体含义
COUNT	统计元组个数或一列中值的个数
SUM	计算一列值的总和
AVG	计算一列值的平均值
MAX	求一列值中的最大值
MIN	求一列值中的最小值

（2）"GROUP BY"子句。

"GROUP BY"子句的作用相当于Excel的分类汇总。根据某一列或多列的值对数据表的行进行分组统计，将这些列上对应值都相同的行分在同一组。

"GROUP BY"子句用于分小组统计数据，在"select"语句的输出列中，只能包含两种目标列表达式，要么是聚合函数，要么是出现在"GROUP BY"子句中的分组字段。

如果分组字段的值有"NULL"，它将不会被忽略掉，会对其进行单独的分组。

（3）"HAVING"子句。

"HAVING"子句用于筛选分组。在查询时，只有用到"GROUP BY"子句进行分组，才有可能用到"HAVING"子句把满足条件的组筛选出来。

任务准备

本任务所涉及的查询依旧延续任务二所使用的"library"数据库和"books"表。

任务实施

1. 任务实施流程

表 4-11　任务实施流程

序　号	实施流程	功能描述/具体步骤
1	COUNT函数的使用	使用COUNT函数统计表内某字段对应的数量
2	SUM函数的使用	使用SUM函数统计表内某字段所有数值的总和
3	AVG函数的使用	使用AVG函数统计表内某字段所有数值的平均值
4	查询结果分组统计	使用"GROUP BY"子句对表内数据根据某一字段的值分组，再配合其他聚合函数使用
5	MAX、MIN函数的使用	使用MAX、MIN函数统计表内某字段所有数值中的最大值和最小值

2. 任务分组

确定分工，营造小组凝聚力和工作氛围，培养学生的团队合作、互帮互助精神，填写表4-12的内容。

表 4-12　任务分组

组　　名			
组　　别			
团队成员	学　　号	角色职位	职　　责

恭喜你，已明确任务实施流程、完成任务设计，接下来进入任务实施。

3. 任务实施

（1）COUNT函数的使用。

要求：查询在图书馆中一共存放了几种书籍。

即：查询"books"表中"book_id"字段的数量。

在查询中输入如下命令：

```
select COUNT(book_id) 书籍数量
from books;
```

查询结果如下所示:

```
MySQL> select COUNT(book_id) 书籍数量
-> from books;
+-------+
|书籍数量|
+-------+
|  10  |
+-------+
```

代码分析

    COUNT函数实际上是统计查询结果的行数,所以要特别注意查询结果是否存在重复行。

(2)SUM函数的使用。

  要求:查询图书馆中存放的书籍总价为多少元。

  即:查询"books"表中"price"字段的总和。

  在查询中输入如下命令:

```
select sum(price) 书籍总价
from books;
```

查询结果如下所示:

```
MySQL> select sum(price) 书籍总价
-> from books;
+-------+
|书籍总价|
+-------+
| 573.8 |
+-------+
```

代码分析

    SUM函数将指定字段下的所有值相加,所以指定字段必须是数字类型。

(3)AVG函数的使用。

要求：查询图书馆中存放的书籍平均价格为多少元。

即：查询"books"表中"price"字段的平均值。

在查询中输入如下命令：

```
select AVG(price) 平均价格
from books;
```

查询结果如下所示：

```
MySQL> select AVG(price) 平均价格
-> from books;
+-----------+
|平均价格    |
+-----------+
| 57.38000  |
+-----------+
```

代码分析

AVG函数与SUM函数类似，要求指定字段必须是数字类型。

（4）查询结果分组统计。

要求：查询图书馆中存放的各专业书籍的平均价格为多少元。

即：查询"books"表中各个专业书籍的"price"字段的平均值。使用"GROUP BY"子句对书籍进行专业类别的分组，再使用AVG函数统计书籍的平均价格。

在查询中输入如下命令：

```
select class AS 专业类别,AVG(price) AS 平均价格
from books
GROUP BY class;
```

查询结果如下所示：

```
MySQL> select class AS 专业类别,AVG(price) AS 平均价格
-> from books
-> GROUP BY class;
+-------+-----------+
|专业类别| 平均价格   |
+-------+-----------+
|软件   | 61.56000  |
|通信   | 55.33333  |
```

```
|NULL        | 50.00000  |
+-----------+-----------+
```

代码分析

使用 "GROUP BY" 子句查询的是每个分组中的一条记录,一般情况下 "GROUP BY" 关键字都和聚合函数一起使用。

(5) 关键字 "MAX" "MIN" 的使用。

查询图书馆中存放的价格最高的书籍和价格最低的书籍的相关信息。

即:查询 "books" 表中 "price" 字段的最大值和最小值分别对应的书籍信息。

在查询中输入如下命令:

```
select * from books
where price=(select MIN(price) from books) ;
```

查询结果如下所示:

```
MySQL> select * from books
-> where price=(select MIN(price) from books) ;
+-----------+--------------------+--------+------+-------+
|book_id    |book_name           |author  |price |class  |
+-----------+--------------------+--------+------+-------+
| 101109    |通信原理            |周勇    | 38.0 |通信   |
| 101110    |大学生创新创业基础  |刘彪文  | 38.0 |NULL   |
+-----------+--------------------+--------+------+-------+
```

代码分析

以上命令的查询结果输出的是数据库表内最低价格的书籍信息,若要查询最高价格的书籍信息,则将上述命令中的关键字 "MIN" 替换为 "MAX"。

任务四　查询排序、模糊查询及通配符

任务描述

前面几个任务已经学过了数据库的查询操作,本任务主要学习查询排序,如果要对读取的数据进行排序,就可以使用MySQL的 "order by" 子句来设定你想按哪个字段、哪种方式来进行排序,再返回搜索结果。

在MySQL中使用"select"语句来读取数据,同时我们可以在"select"语句中使用"where"子句来获取指定的记录。在"where"子句中可以使用等号来设定获取数据的条件。

知识储备

1. MySQL 查询排序

（1）关键词：asc/desc。

asc：顺序、正序。数值：递增；字母：自然顺序（a~z）。

desc：倒序、反序。数值：递减；字母：自然反序（z~a）。

（2）在默认情况下，按照插入的顺序排序。

（3）语法格式如下：

```
select field1,…,fieldN from table_name order by field1,…, fieldN [asc
[desc][默认asc]]
```

语法说明：

order by a,b：a和b都是升序。

order by a,b desc：a升序，b降序。

order by a desc,b：a降序，b升序。

order by a desc,b desc：a和b都是降序。

2. MySQL 模糊查询及通配符

（1）在"LIKE"子句中使用百分号来表示任意字符。

（2）如果没有使用百分号，"LIKE"子句与等号的效果是一样的。

（3）语法格式如下：

```
select field1,field2,...fieldN from table_name
where field1 LIKE condition1 [AND [OR]] filed2 = 'somevalue';
```

（4）"LIKE"操作符用于在"where"子句中搜索列中的指定模式。

在SQL中，通配符用于搜索表中的数据，如表4-13所示。

表4-13　通配符表

通　配　符	描　　　述
%	替代0个或多个字符
_	替代一个字符
[charlist]	字符列中的任何单一字符
[^charlist] 或[!charlist]	不在字符列中的任何单一字符

（5）用到"LIKE"的都只是中文字符的模糊查询，当使用英文字符进行模糊查询时对比中文字符模糊查询仅有一个不同的点，那就是英文字符需要区分大小写。这就需要用到"BINARY"关键字，"BINARY"关键字是用来在搜索中区分大小写的。

（6）BINARY函数用于将值转换为二进制字符串。BINARY函数也可以使用CAST函数作为CAST（值AS BINARY）来实现。BINARY函数接收一个要转换的值的参数，并返回一个二进制字符串。

语法：

```
BINARY value
```

任务实施

1. 任务实施流程

任务实施流程如表4-14所示。

表 4-14　任务实施流程

序　号	实施流程	功能描述/具体步骤
1	单字段排序	通过查询表中的数据，按照某一个字段进行排序
2	多字段排序	通过查询表中的数据，按照多个字段对所查找的结果进行排序
3	"LIKE"与"NOT LIKE"关键字	通过"LIKE"和"NOT_LIKE"与想查找的字段的模糊匹配
4	"BINARY"关键字	"BINARY"关键字用来区分大小写
5	"%""_"通配符	通过与"LIKE"联合使用，查询结果匹配不同数量的字符

2. 任务分组

确定分工，营造小组凝聚力和工作氛围，培养学生的团队合作、互帮互助精神，填写表4-15的内容。

表 4-15　项目分组

组　　名			
组　　别			
团队成员	学　　号	角色职位	职　　责

恭喜你，已明确任务实施流程、完成任务设计，接下来进入任务实施。

3. 任务实施

（1）单字段排序。

按照价格对书目进行排序。

在查询中输入以下代码：

```
select * from book order by price;
```

查询结果如下：

```
MySQL> select * from book order by price;
|book_id    |book_name            |author    |price    |class  |
| 101109    |通信原理             |周勇       | 38.0    |通信   |
| 101110    |大学生创新创业基础    |刘彪文     | 38.0    |NULL   |
| 101106    |大数据技术导论        |程县毅     | 39.0    |通信   |
| 101102    |PHP网站开发技术       |唐俊       | 42.0    |软件   |
| 101108    |Python编程基础        |周志化     | 45.0    |软件   |
| 101107    |C++程序设计           |汪菊晴     | 59.8    |软件   |
| 101104    |立德树人             |戴丽红     | 62.0    |NULL   |
| 101105    |数据结构理论与实践    |奚小玲     | 72.0    |软件   |
| 101101    |HTML5秘籍            |Mattew    | 89.0    |软件   |
| 101103    |计算机网络与通信技术   |周瑞琼     | 89.0    |通信   |
```

代码分析

从查询结果中可以发现，原本的数据顺序不再按照"book_id"进行排序了，而是按照"price"的值升序进行排列的，"order by"在这个查询语句中起到了作用，"order by"在默认情况下是升序。

如果我们想让"price"按照降序进行排列，需要在上面语句的末尾加上一个关键字，即"desc"，因此降序的查询语句如下：

```
select * from book order by price desc;
```

（2）多字段排序。

在查询中输入以下代码：

```
select * from book order by price,book_id;
```

运行后的查询结果如下：

book_id	book_name	author	price	class
101109	通信原理	周勇	38.0	通信
101110	大学生创新创业基础	刘彪文	38.0	NULL
101106	大数据技术导论	程县毅	39.0	通信
101102	PHP网站开发技术	唐俊	42.0	软件
101108	Python编程基础	周志化	45.0	软件
101107	C++程序设计	汪菊晴	59.8	软件
101104	立德树人	戴丽红	62.0	NULL
101105	数据结构理论与实践	奚小玲	72.0	软件
101101	HTML5秘籍	Mattew	89.0	软件
101103	计算机网络与通信技术	周瑞琼	89.0	通信

代码分析

我们查询的排序条件包含两条，即"price"和"book_id"，程序执行排序的顺序是，先对查询的结果按照"price"进行排序，然后在此基础上再按照"book_id"进行排序，采用的都是默认的升序排列。如果我们不想都采用默认形式进行排序，那么"desc"关键字又起到了十分重要的作用。

在查询中输入以下代码：

```
select * from book order by price desc,book_id;
```

运行结果如下：

```
MySQL> select * from book order by price desc,book_id;
```

book_id	book_name	author	price	class
101101	HTML5秘籍	Mattew	89.0	软件
101103	计算机网络与通信技术	周瑞琼	89.0	通信
101105	数据结构理论与实践	奚小玲	72.0	软件
101104	立德树人	戴丽红	62.0	NULL
101107	C++程序设计	汪菊晴	59.8	软件
101108	Python编程基础	周志化	45.0	软件
101102	PHP网站开发技术	唐俊	42.0	软件
101106	大数据技术导论	程县毅	39.0	通信
101109	通信原理	周勇	38.0	通信
101110	大学生创新创业基础	刘彪文	38.0	NULL

代码分析

从运行结果可以看出，查询结果首先按照"price"降序排序，在此基础上，如果"price"价格一样，再按照"book_id"升序排序。

上面语句的"desc"仅仅对price产生影响，不会对后面的"book_id"产生影响。那么如果"desc"放在"book_id"后面会同时影响这两个排序结果吗？答案是否定的，"desc"跟在谁后面就只能影响到谁，仅仅在"book_id"后面加上"desc"，那么会先按照"price"的升序进行排序，如果"price"相同，再按照"book_id"降序排列。对应的查询语句如下：

```
select * from book order by price,book_id desc;
```

（3）"LIKE"与"NOT LIKE"。

在查询中输入以下代码：

```
select * from book where book_name LIKE '通信%';
```

查询结果如下所示：

```
MySQL> select * from book where book_name LIKE '通信%';
|book_id    |book_name  |author |price  |class  |
| 101109    |通信原理    |周勇    | 38.0  |通信    |
```

代码分析

从运行结果可以看出，我们找到了一个以"通信"为开头的一本书，这是因为我们使用了"LIKE"的模糊查询。"通信"后面带着一个"%"，是为了匹配任意字符，作用非常大。如果没有带上后面的"%"，"LIKE"的作用就相当于"="的作用。

① "LIKE"不带"%"。

在查询中输入以下代码：

```
select * from book where book_name LIKE '通信原理';
```

查询结果如下所示：

```
MySQL> select * from book where book_name LIKE '通信原理';
|book_id    |book_name  |author |price  |class  |
| 101109    |通信原理    |周勇    | 38.0  |通信    |
```

② "="查询结果。

在查询中输入以下代码：

```
select * from book where book_name = '通信原理';
```

查询结果如下所示：

```
MySQL> select * from book where book_name = '通信原理';
|book_id    |book_name   |author |price  |class  |
| 101109    |通信原理     |周勇    | 38.0  |通信    |
```

代码分析

通过运行结果可以看出，当我们使用模糊查询"LIKE"的时候，一定要搭配它的好搭档"%"，因为只有这样才能实现模糊匹配，不然是不会进行模糊匹配的，而是进行全字段的完全匹配。如果没有找到，可能是匹配模式存在问题，需要进一步修改。

③ "%" 中间匹配。

"%"既能放在字符后面，也能放在文字前面，可以实现头和尾的模糊匹配，运行结果会查找 "%通信%" 包含 "通信" 二字的书名，不管是否以 "通信" 开头，只要书名中包含 "通信" 二字就是我们想要的结果。

在查询中输入以下代码：

```
select * from book where book_name LIKE '%通信%';
```

查询结果如下所示：

```
MySQL> select * from book where book_name LIKE '%通信%';
|book_id    |book_name        |author |price  |class  |
| 101103    |计算机网络与通信技术 |周瑞琼  | 89.0  |通信    |
| 101109    |通信原理          |周勇    | 38.0  |通信    |
```

代码分析

当"LIKE"匹配时加上"BINARY"操作符之后，则会严格区分英文大小写，因此在检索的内容中如果出现中英文混合且需要忽略英文大小写的时候，就会出现问题，这个时候可以引入UPPER函数和CONCAT函数：

UPPER函数：将英文字符转成大写，同UCASE函数；
CONCAT函数：将多个字符串连接成一个字符串。

所以，当我们要进行中英文混合匹配检索且要忽略英文大小写的时候，可以用下面的语句：

```
select * from username where UPPER(username) LIKE BINARY CONCAT('%',UPPER('a中文b'), '%');
```

"LIKE"运算符要对字段数据逐一进行扫描匹配，实际执行的效率比较差。"NOT LIKE"

的使用方式与 "LIKE" 相同, 用于获取匹配不到的数据。

(4) "BINARY" 关键字。

在查询中输入以下代码 (不包含 "BINARY" 关键字):

```
select * from book where book_name = 'python编程基础';
```

查询结果如下所示:

```
MySQL> select * from book where book_name = 'python编程基础';
|book_id     |book_name        |author  |price  |class    |
| 101108     |Python编程基础    |周志化  | 45.0  |软件      |
```

在查询中输入以下代码 (包含 "BINARY" 关键字):

```
select * from book where BINARY book_name = 'python编程基础';
```

查询结果如下所示:

```
MySQL> select * from book where BINARY book_name = 'python编程基础';
Empty set, 1 warning (0.00 sec)
```

代码分析

通过上面两个查询语句的对比可以发现, "BINARY" 关键字的作用是用来区分大小写的, 没有加上 "BINARY" 关键字, 查询结果是不会区分大小写的, 只有在加上 "BINARY" 关键字时才会区分大小写。

(5) "%" 与 "_" 通配符。

① "%" 通配符。

在查询中输入以下代码:

```
select * from book where book_name LIKE '大%';
```

查询结果如下所示:

```
MySQL> select * from book where book_name LIKE '大%';
|book_id     |book_name        |author  |price  |class    |
| 101106     |大数据技术导论     |程县毅  | 39.0  |通信      |
| 101110     |大学生创新创业基础  |刘彪文  | 38.0  |NULL     |
```

可见，在查询结果中包含了所有以"大"开头的所有书籍，而不管"大"后面是什么字符，有多少字符。同样，如果要查询以"基础"结尾的信息，只需将匹配条件改为"%基础"即可。

使用"%"通配符查询以"基础"结尾的书籍，从"book"表中查询以"基础"结尾的书籍。

在查询中输入以下代码：

```
select * from book where book_name LIKE '%基础';
```

查询结果如下所示：

```
MySQL> select * from book where book_name LIKE '%基础';
|book_id    |book_name          |author |price  |class  |
| 101108    |Python编程基础      |周志化 | 45.0  |软件   |
| 101110    |大学生创新创业基础   |刘彪文 | 38.0  |NULL   |
```

代码分析

可见，在查询结果中包含了所有以"基础"结尾的书籍，而不管"基础"前面是什么字符，有多少字符。当我们仅仅知道某个中间的词时，就在"关键词"前面和后面都加上"%"，即"%关键词%"。

在查询中输入以下代码：

```
select * from book where book_name LIKE '%通信%';
```

查询结果如下所示：

```
MySQL> select * from book where book_name LIKE '%通信%';
|book_id    |book_name          |author |price  |class  |
| 101103    |计算机网络与通信技术 |周瑞琼 | 89.0  |通信   |
| 101109    |通信原理            |周勇   | 38.0  |通信   |
```

② "_"通配符。

"_"通配符的用法与"%"类似，但是又有不同的部分，"_"通配符仅替代一个字符。现在，我们希望从上面的"author"表中选取名字的第一个字符之后是"俊"的人，我们可以使用下面的"select"语句：

```
select * from book where author LIKE '_俊';
```

查询结果如下所示：

```
MySQL> select * from book where author LIKE '_俊';
|book_id    |book_name          |author |price  |class |
| 101102    |PHP网站开发技术    |唐俊   | 42.0  |软件  |
```

代码分析

从以上的查询结果可以看出来，我们仅仅知道，这个作者后一个字，然后就通过"_"通配符找到了这本书。仅仅匹配了其中一条记录，因为当前"_俊"的作者只有一条。同样的道理，"_"通配符与"%"一样，可以放在字符前、字符后、字符中进行使用。

任务实战

我们已经学习了MySQL查询排序的相关内容，下面让我们来检验学习的成果吧。

1. 实战流程

（1）在"Students"数据库中新建"Course"数据表。

（2）在"Student"数据表中添加如图4-2所示的学生信息。

```
+------+-----------+-------+---------+
| cno  | cname     | cpno  | ccredit |
+------+-----------+-------+---------+
| 2    | 数学      | NULL  | 2       |
| 6    | 数据处理  |       | 2       |
| 4    | 操作系统  | 6     | 3       |
| 1    | 数据库    | 5     | 4       |
| 3    | 信息系统  | 1     | 4       |
| 5    | 数据结构  | 7     | 4       |
| 7    | PASCAL语言| 6     | 4       |
| 8    | 英语      |       | 5       |
+------+-----------+-------+---------+
```

图 4-2　学生信息

（3）实战要求：

① 将课程按学分升序排序。

② 将课程按学分降序排序。

③ 查询课程信息，结果按学分升序、学号降序排序。

④ 在"Student"表中查询学生的学号及姓名，结果按姓名升序排序。

任务五　连接查询

任务描述

　　我们已经学会了如何在一张表中读取数据，这是相对简单的，但是在真正的应用中经常需要从多个数据表中读取数据。本任务我们将向大家介绍如何使用MySQL的"JOIN"在两个或多个表中查询数据。在"select""update""delete"语句中使用"JOIN"可以联合多表进行查询。

知识储备

1．INNER JOIN（内连接或等值连接）

获取两个表中字段匹配关系的记录，如图4-3所示。

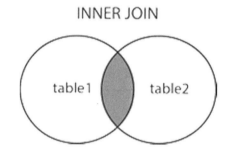

图 4-3　INNER JOIN 图示

（1）关键字：INNER JOIN ON。

（2）说明：组合两个表中的记录，返回与关联字段相符的记录，也就是返回两个表的交集（阴影）部分。

（3）语法：

```
select * from table1 a INNER JOIN table2 b ON a.a_id = b.b_id;
```

2．LEFT JOIN 和 RIGHT JOIN

　　"LEFT JOIN"与"INNER JOIN"有所不同。"LEFT JOIN"会读取左边数据表的全部数据，即便右边数据表无对应数据。"RIGHT JOIN"会读取右边数据表的全部数据，即便左边数据表无对应数据，对应显示如图4-4所示。

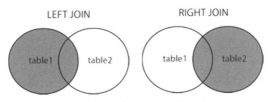

图 4-4　左连接（左），右连接（右）图示

（1）关键字：LEFT JOIN ON / RIGHT JOIN ON。

（2）语法：

```
select * from table1 a LEFT JOIN table2 b ON a.a_id = b.b_id;
select * from table1 a RIGHT JOIN table2 b ON a.a_id = b.b_id;
```

（3）说明："LEFT JOIN"是"LEFT OUTER JOIN"的简写，它的全称是左外连接，是外连接中的一种。当左（外）连接时，左表（table1）的记录将会全部表示出来，而右表（table2）只会显示符合搜索条件的记录。右表记录不足的地方均为"NULL"。"RIGHT JOIN"是"RIGHT OUTER JOIN"的简写，它的全称是右外连接，是外连接中的一种。与左（外）连接相反，当右（外）连接时，左表（table1）只会显示符合搜索条件的记录，而右表（table2）的记录将会全部表示出来。左表记录不足的地方均为"NULL"。

3．CROSS JOIN

"CROSS JOIN"示意图如图4-5所示。

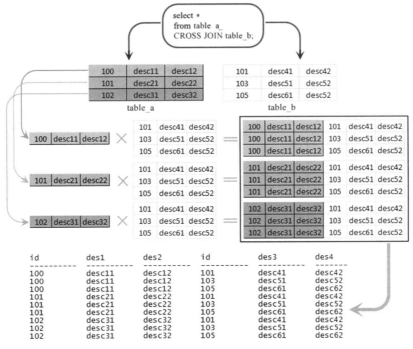

图 4-5　"CROSS JOIN"示意图

（1）"CROSS JOIN"的用法。

```
select * from t1 CROSS JOIN t2;
```

（2）注意：在使用"CROSS JOIN"时是不需要"ON"或"USING"关键字的，这个是区别于"INNER JOIN"和"JOIN"的，如果"where"在条件表中添加一个子句，其中数据表t1与t2存在一定的联系。则"CROSS JOIN"与"INNER JOIN"子句的工作方式类似于以下查询。

```
select * from t1 CROSS JOIN t2 where t1.id = t2.id;
```

（3）"CROSS JOIN"表作为衍生表的例子。

```
select * from table111 LEFT JOIN(table112 CROSS JOIN table113) ON
table111.id=table113.id;
```

任务准备

在"library"数据库中添加"authors"表，连接查询需要用到"book"表和"authors"表，"authors"表结构如表4-16所示，"authors"表数据如表4-17所示。

表4-16　"authors"表结构

列　名	含　义	类　型	长　度	小 数 点	非　空
id	作者id	INT		0	
name	作者姓名	VARCHAR	11	0	

表4-17　"authors"表数据

id	name
1	张三
2	李四
3	Mattew
4	唐俊
5	周瑞琼
6	戴丽红
7	溪小玲
8	周勇
9	周志华
10	程县毅
11	汪菊晴

任务实施

1. 任务实施流程

任务实施流程如表4-18所示。

表4-18　任务实施流程

序　号	实施流程	功能描述/具体步骤
1	INNER JOIN	"INNER JOIN"在两个关联表都有数据的时候才会查询出数据，如果其中一个表没有数据，另一个表的数据也会被抛弃
2	LEFT JOIN/RIGHT JOIN	"LEFT JOIN"关键字会从左表那里返回所有的行，即使在右表中没有匹配的行；"RIGHT JOIN"关键字会从右表那里返回所有的行，即使在左表中没有匹配的行
3	CROSS JOIN	"CROSS JOIN"返回被连接两个表的笛卡尔乘积

2. 任务分组

确定分工，营造小组凝聚力和工作氛围，培养学生的团队合作、互帮互助精神，填写表4-19的内容。

表4-19　任务分组

组　　名			
组　　别			
团队成员	学　　号	角色职位	职　　责

恭喜你，已明确任务实施流程、完成任务设计，接下来进入任务实施。

3. 任务实施

（1）INNER JOIN（内连接）。

从"book"表和"authors"表中查询相同名字的数据。

在查询中输入以下代码：

```
select book.author from book INNER JOIN authors ON book.author = authors.name;
```

运行后的查询结果如下所示：

```
MySQL> select book.author from book INNER JOIN authors ON book.author =
authors.name;
|author |
|汪菊晴 |
|刘彪文 |
|唐俊    |
|周瑞琼 |
|戴丽红 |
|周勇    |
|程县毅 |
```

代码分析

从以上中的查询结果得知，已经将两个表中相同的数据全部查出来了。"INNER
JOIN"（也可以省略"INNER"使用"JOIN"，效果一样）来连接以上两个表来读取
"book"表中的所有"author"字段在"authors"表中对应的"name"字段。

（2）LEFT JOIN/RIGHT JOIN（左连接/右连接）。

在查询中输入以下代码：

```
select book.author
from book LEFT JOIN authors ON book.author = authors.name;
```

运行后的查询结果如下所示：

```
MySQL> select book.author
   >from book LEFT JOIN authors ON book.author = authors.name;
|author |
|Mattew |
|唐俊    |
|周瑞琼 |
|戴丽红 |
|奚小玲 |
|程县毅 |
|汪菊晴 |
|周志化 |
|周勇    |
|刘彪文 |
```

在查询中输入以下代码：

```
select book.author
from book RIGHT JOIN authors ON book.author = authors.name;
```

运行后的查询结果如下所示：

```
MySQL> select book.author from book RIGHT JOIN authors ON book.author =
authors.name;
    |author  |
    |汪菊晴   |
    |刘彪文   |
    |NULL    |
    |NULL    |
    |NULL    |
    |唐俊     |
    |周瑞琼   |
    |戴丽红   |
    |NULL    |
    |周勇     |
    |NULL    |
    |程县毅   |
```

代码分析

从上述两个查询结果可以看出，"LEFT JOIN"以左边表的数据为主，查询所有满足"book.author = authors.name"的记录，"RIGHT JOIN"以右边表的数据为主，如果左边表匹配不上右边表的数据，则显示为"NULL"。

（3）CROSS JOIN（交叉连接）。

为了不让数据看起来太多，先对"authors"表进行了数据删减，最终保留的数据只有两条，如下所示：

```
MySQL> select * from authors;
|  id  |name   |
|  11  |汪菊晴  |
|  12  |刘彪文  |
```

在查询中输入以下代码：

```
select * from book CROSS JOIN authors;
```

运行后的查询结果如下所示：

```
MySQL> select * from book CROSS JOIN authors;
|book_id    |book_name            |author  |price  |class  |id |name    |
|101101     |HTML5秘籍            |Mattew  |89.0   |软件   |12 |刘彪文  |
|101101     |HTML5秘籍            |Mattew  |89.0   |软件   |11 |汪菊晴  |
|101102     |PHP网站开发技术       |唐俊     |42.0   |软件   |12 |刘彪文  |
|101102     |PHP网站开发技术       |唐俊     |42.0   |软件   |11 |汪菊晴  |
|101103     |计算机网络与通信技术   |周瑞琼   |89.0   |通信   |12 |刘彪文  |
|101103     |计算机网络与通信技术   |周瑞琼   |89.0   |通信   |11 |汪菊晴  |
|101104     |立德树人              |戴丽红   |62.0   |NULL   |12 |刘彪文  |
|101104     |立德树人              |戴丽红   |62.0   |NULL   |11 |汪菊晴  |
|101105     |数据结构理论与实践     |奚小玲   |72.0   |软件   |12 |刘彪文  |
|101105     |数据结构理论与实践     |奚小玲   |72.0   |软件   |11 |汪菊晴  |
|101106     |大数据技术导论         |程县毅   |39.0   |通信   |12 |刘彪文  |
|101106     |大数据技术导论         |程县毅   |39.0   |通信   |11 |汪菊晴  |
|101107     |C++程序设计           |汪菊晴   |59.8   |软件   |12 |刘彪文  |
|101107     |C++程序设计           |汪菊晴   |59.8   |软件   |11 |汪菊晴  |
|101108     |Python编程基础         |周志化   |45.0   |软件   |12 |刘彪文  |
|101108     |Python编程基础         |周志化   |45.0   |软件   |11 |汪菊晴  |
|101109     |通信原理              |周勇     |38.0   |通信   |12 |刘彪文  |
|101109     |通信原理              |周勇     |38.0   |通信   |11 |汪菊晴  |
|101110     |大学生创新创业基础     |刘彪文   |38.0   |NULL   |12 |刘彪文  |
|101110     |大学生创新创业基础     |刘彪文   |38.0   |NULL   |11 |汪菊晴  |
```

代码分析

"CROSS JOIN"是MySQL中的一种连接方式，区别于内连接和外连接，对于"CROSS JOIN"连接来说，其实使用的就是笛卡尔连接。在MySQL中，当"CROSS JOIN"不使用"where"子句时，就产生了一个结果集，该结果集是两个关联表的行的乘积。通常，如果每个表分别具有"n"和"m"行，则结果集将具有"n*m"行。在上述例子中，我们能看到"book"表是一个"10*5"的矩阵，"authors"表是一个"2*2"的矩阵，使用完"CROSS JOIN"之后就是一个"20*5"的矩阵。

任务实战

我们已经学习了MySQL连接查询的相关内容，下面让我们来检验学习的成果吧。

1. 实战流程

（1）使用"Students"数据库中的"Student"数据表；

（2）使用"Students"数据库中的"SC"数据表；

（3）实战要求：

① 在"Student"数据库中利用"Student"和"SC"数据表，查询选修了1号课程的学生学号、姓名、课程号及成绩。

② 利用"Student"和"SC"数据表，查询所有学生的学号、姓名及成绩，包括没有选课的学生学号及姓名。

③ 利用"Student"和"SC"数据表，查询所有学生的学号、姓名及成绩，包括没有选课的学生学号及姓名。

④ 利用"Student"和"SC"数据表，查询所有学生选课的可能情况，显示学生学号、姓名及课程名。

任务六　子　查　询

任务描述

在日常使用数据库查找数据的时候，一般会有限定条件，例如：

（1）在"book"表里面现需要查询出价格高于平均价格的书有哪些。

（2）查询书的价格大于"book_id"为"101105"的所有书籍。

（3）查询在列出范围内的书籍，即"book_id"从"101101"至"101105"之间的所有书籍。

（4）判断子查询的结果是否存在。

这些限定条件分别用到"ANY（SOME）""ALL""IN""EXISTS"。

知识储备

1．ANY（SOME）

"ANY"运算符是一个逻辑运算符，它将值与子查询返回的一组值进行比较。"ANY"运算符必须以比较运算符">"">="">="<""<=""=""<>"开头，后跟子查询。"SOME"关键字和"ANY"关键字是一样的功能。

"ANY"运算符的条件和描述说明如表4-20所示。

表4-20　"ANY"运算符的条件和描述说明

条　　件	描　　述
x = ANY ()	c列中的值必须与集合中的一个或多个值匹配，以评估为true
x != ANY ()	c列中的值不能与集合中的一个或多个值匹配，以评估为true
x > ANY ()	c列中的值必须大于要评估为true的集合中的最小值

（续表）

条　件	描　述
x < ANY ()	c列中的值必须小于要评估为true的集合中的最大值
x >= ANY ()	c列中的值必须大于或等于要评估为true的集合中的最小值
x <= ANY ()	c列中的值必须小于或等于要评估为true的集合中的最大值

2. ALL

"ALL"运算符是一个逻辑运算符，它将单个值与子查询返回的单列值集进行比较。ALL运算符必须以比较运算符开头，例如，">"">=""<""<="">=""="后跟子查询。

"ALL"运算符的条件和描述说明如表4-21所示。

表4-21　"ALL"运算符的条件和描述说明

条　件	描　述
c > ALL()	c列中的值必须大于要评估为true的集合中的最大值
c >= ALL()	c列中的值必须大于或等于要评估为true的集合中的最大值
c < ALL()	c列中的值必须小于要评估为true的集合中的最小值
c <= ALL()	c列中的值必须小于或等于要评估为true的集合中的最小值
c <> ALL()	c列中的值不得等于要评估为true的集合中的任何值
c = ALL()	c列中的值必须等于要评估为true的集合中的任何值

3. IN

"IN"常用于"where"表达式中，其作用是查询某个范围内的数据，其语法如下：

```
select * from where field IN (value1,value2,value3,…)
```

4. EXISTS

（1）"EXISTS"用于检查子查询是否至少会返回一行数据，该子查询实际上并不返回任何数据，而是返回值"true"或"false"。

（2）"EXISTS"指定一个子查询，检测行的存在，其语法如下：

```
EXISTS subquery
```

参数"subquery"是一个受限的"select"语句（不允许有"COMPUTE"子句和"INTO"关键字）。结果类型为"Boolean"，如果子查询包含行，则返回"true"。

（3）用法：

```
select * from user where EXISTS (select 1);
```

对"user"表的记录逐条取出，由于子查询中的"select 1"一直能返回记录行，那么

"user"表的所有记录都将被加入结果集，所以与"select * from user;"是一样的，如下：

```
select * from user where EXISTS (select * from user where userId = 0);
```

在对"user"表进行"loop"时，检查条件语句"select * from user where userId = 0"，由于"userId"永远不为0，所以条件语句一直返回空集，条件永远为"false"，那么"user"表的所有记录都将被丢弃。

总的来说，如果"A"表有n条记录，那么"exists"查询就是将这n条记录逐条取出，然后判断n遍"exists"条件。

任务实施

1. 任务实施流程

任务实施流程如表4-22所示。

表 4-22 任务实施流程

序　号	实施流程	功能描述/具体步骤
1	ANY(SOME)	"ANY"操作符的用法是结合一个相对比较操作符对一个数据列子查询的结果进行测试。它们测试比较值是否与子查询所返回的全部或一部分值匹配
2	ALL	"ALL"关键字必须接在一个比较操作符的后面，表示与子查询返回的所有值比较为"true"，则返回"true"
3	IN	"IN"运算符用于"where"表达式中，以列表项的形式支持多个选择
4	EXISTS	"EXISTS"子句返回的结果并不是从数据库中取出的结果集，而是一个布尔值，如果子句查询到数据，那么返回"true"，反之返回"false"

2. 任务分组

确定分工，营造小组凝聚力和工作氛围，培养学生的团队合作、互帮互助精神，填写表4-23的内容。

表 4-23 任务分组

组　　名			
组　　别			
团队成员	学　号	角色职位	职　责

恭喜你，已明确任务实施流程、完成任务设计，接下来进入任务实施。

3. 任务实施

（1）ANY（SOME）。

现需要查询出价格高于平均价格的书有哪些。

在查询中输入以下代码：

```
select * from book where price > ANY(select AVG(price) from book);
```

运行后的查询结果如下所示：

```
MySQL> select * from book where price > ANY(select AVG(price) from book);
|book_id      |book_name              |author  |price   |class   |
|101101       |HTML5秘籍              |Mattew  | 89.0   |软件    |
|101103       |计算机网络与通信技术   |周瑞琼  | 89.0   |通信    |
|101104       |立德树人               |戴丽红  | 62.0   |NULL    |
|101105       |数据结构理论与实践     |奚小玲  | 72.0   |软件    |
|101107       |C++程序设计            |汪菊晴  | 59.8   |软件    |
```

"SOME"对应的结果是一样的，只需要把"ANY"换成"SOME"。

在查询中输入以下代码：

```
select * from book where price > SOME(select AVG(price) from book);
```

运行后的查询结果如下所示：

```
MySQL> select * from book where price > SOME(select AVG(price) from book);
|book_id      |book_name              |author  |price   |class   |
|101101       |HTML5秘籍              |Mattew  | 89.0   |软件    |
|101103       |计算机网络与通信技术   |周瑞琼  | 89.0   |通信    |
|101104       |立德树人               |戴丽红  | 62.0   |NULL    |
|101105       |数据结构理论与实践     |奚小玲  | 72.0   |软件    |
|101107       |C++程序设计            |汪菊晴  | 59.8   |软件    |
```

代码分析

　　"ANY"操作符的常见用法是结合一个比较操作符对一个数据列子查询的结果进行测试。它们测试比较值是否与子查询所返回的全部值或一部分值匹配。比如说，只要比较值小于或等于子查询所返回的任何一个值，"<=ANY"将是"true"。"SOME"是"ANY"的一个同义词。

（2）ALL。

现需要查询书的价格大于"book_id"为"101105"的所有书籍。

在查询中输入以下代码:

```
select * from book where price > ALL(select price from book where book_id = '101105');
```

运行后的查询结果如下所示:

```
MySQL> select * from book where price > ALL(select price from book where
book_id ='101105');
|book_id  |book_name        |author  |price  |class  |
| 101101  |HTML5秘籍        |Mattew  | 89.0  |软件    |
| 101103  |计算机网络与通信技术 |周瑞琼   | 89.0  |通信    |
```

代码分析

从结果可以看出,我们已经成功筛选出"price"大于"101105","book_id"="101105","price"="75"的记录,在所有的"price"中,只有"price"="89"的两本书,查询结果也是一样的。

(3) IN。

查询在列出范围内的书籍,即"book_id"="101101"至"101105"之间的所有书籍。

在查询中输入以下代码:

```
select * from book where book_id IN ('101101','101102','101103','101104',
'101105');
```

运行后的查询结果如下所示:

```
MySQL> select * from book where book_id IN ('101101','101102','101103',
'101104','101105');
|book_id  |book_name        |author  |price  |class  |
|101101   |HTML5秘籍        |Mattew  | 89.0  |软件    |
|101102   |PHP网站开发技术   |唐俊    | 42.0  |软件    |
|101103   |计算机网络与通信技术 |周瑞琼   | 89.0  |通信    |
|101104   |立德树人          |戴丽红   | 62.0  |NULL    |
|101105   |数据结构理论与实践 |奚小玲   | 72.0  |软件    |
```

代码分析

从以上结果可以看出,我们把需要的"book_id"罗列在"IN"的列表里面,我们所得出的结果就有了"IN"。

注意："NOT IN"与"IN"作用相反，用法和示例如下。

在查询中输入以下代码：

```
select * from book
where book_id NOT IN ('101101','101102','101103','101104','101105');
```

运行后的查询结果如下所示：

```
MySQL> select * from book where book_id IN ('101101','101102','101103',
'101104','101105');
|book_id      |book_name                    |author      |price  |class  |
| 101101      |HTML5秘籍                     |Mattew      | 89.0  |软件    |
| 101102      |PHP网站开发技术                |唐俊        | 42.0  |软件    |
| 101103      |计算机网络与通信技术            |周瑞琼       | 89.0  |通信    |
| 101104      |立德树人                      |戴丽红       | 62.0  |NULL   |
| 101105      |数据结构理论与实践              |奚小玲       | 72.0  |软件    |
```

（4）EXISTS。

在查询中输入以下代码：

```
select * from book b
where EXISTS (select name from authors where authors.name = b.author);
```

运行后的查询结果如下所示：

```
MySQL> select * from book b where EXISTS (select name from authors where
authors.name = b.author);
|book_id      |book_name                    |author |price  |class  |
|101107       |C++程序设计                   |汪菊晴  | 59.8  |软件    |
|101110       |大学生创新创业基础             |刘彪文  | 38.0  |NULL   |
```

代码分析

这条SQL语句的意义很明显是选取满足"where"条件下"book"表中的所有列的数据。即假设"book"中的"author"有"Mattew""唐俊""周瑞琼""戴丽红""奚小玲""程县毅""汪菊晴""周志化""周勇""刘彪文"这些，而"authors"中的某条数据中的"name"恰好是其中一个，那么这行数据就会被选取出来。原因就是"EXISTS"子句返回的结果并不是从数据库中取出的结果集，而是一个布尔值，如果子句查询到数据，那么返回"true"，反之返回"false"。所以子句中选择的列根本就不重要，重要的是"where"后的条件。如果返回了"true"，那么相当于直接执行了子句"where"后的部分，即把"book.author"和"authors.name"作比较；如果相等，则返回这条数据。所以执行的结果和前面使用"IN"的返回的结果是一致的。有趣的是，MySQL内部优化器会把第一条使用"IN"的语句转化为第二条使用"EXISTS"的语句执行。执行的结果是一样的。

任务实战

我们已经学习了MySQL子查询的相关内容，下面让我们来检验学习的成果吧。

1. 实战流程

（1）使用"Students"数据库中的"Student"数据表。

（2）使用"Students"数据库中的"SC"数据表。

（3）实战要求：

① 在学生数据库中利用"Student"和"SC"数据表，查询选修了2号课程的学生姓名。

② 在学生数据库中利用"Student"数据表，查询其他班级中比1班任意一个学生年龄小的学生姓名和出生年月。

③ 利用"Student"数据表，查询其他班级中比3班所有学生年龄都小的学生姓名和出生年月。

④ 利用"Student"和"SC"数据表，查询所有选修了1号课程的学生姓名。

项目评价

1. 小组自查

小组内进行自查，填写表4-24的内容。

表4-24　预验收记录

组　　名		完成情况				
任务序号	任务名称	验收任务	验收情况	整改措施	完成时间	自我评价
1						
2						
3						
4						
5						
6						
验收结论：						

2. 项目提交

组内验收完成，各小组交叉验收，填写表4-25的内容。

表 4-25　小组验收报告

组　　名		完成情况				
任务序号	任务名称	验收时间	存在问题	验收结果	验收评价	验收人
1						
2						
3						
4						
5						
6						
验收结论：						

3. 展示评价

各小组展示作品，介绍任务的完成过程、运行结果，整理代码、技术文档，进行小组自评、组间互评、教师评价，填写表4-26的内容。

表 4-26　考核评价表

序号	评价项目	评价内容	分值	小组自评（30%）	组间互评（30%）	教师评价（40%）	合计
1	职业素养（30分）	分工合理，制订计划能力强，严谨认真	5				
		爱岗敬业，责任意识，服从意识	5				
		团队合作、交流沟通、互相协作、项目分享	5				
		遵守行业规范、职业标准	5				
		主动性强，保质保量完成相关任务	5				
		能采取多样化手段收集信息、解决问题	5				
2	专业能力（60分）	任务流程明确	10				
		程序设计合理、熟练	10				
		代码编写规范、认真	10				
		项目提问回答正确	10				
		项目结果正确	10				
		技术文档整理完整	10				
3	创新意识（10分）	创新思维和行动	10				
合计			100				
评价人：			时间：				

项目复盘

1. 总结归纳

（1）在数据库中进行查询操作需要通过"select"语句，"select"语句可由多个子句构成。

（2）避免查询结果出现重复内容，需要在查询语句的"select"后添加关键字"DISTINCT"，与"DISTINCT"相对应的是关键字"ALL"，即在查询结果中输出所有的内容，且"ALL"为默认值。如果列的显示顺序与其在表中定义的顺序相同，则可以简单地在<表达式列表>中写"*"。

（3）可以通过为列起别名的方法指定或改变查询结果显示的列名，这个列名就称为列别名。

（4）单表条件查询要用到"where"子句及常用的运算符（包括关系运算符、范围运算符、列表运算符、模式匹配运算符、空值判断、逻辑运算符）。"select"子句用于筛选列，"where"子句则用于筛选行，把满足查询条件的那些记录给筛选出来，实现对单表的有条件查询。

（5）使用"select"语句对"library"数据库做单表统计查询操作，单表统计查询要用到常用的聚合函数（计数、求和、求平均值、求最大值、求最小值）、"GROUP BY"子句、"HAVING"子句。

（6）"ORDER BY"子句用来设定你想按哪个字段、哪种方式来进行排序。

（7）模糊匹配"LIKE"子句中使用百分号来表示任意字符。如果没有使用百分号，"LIKE"子句与等号的效果是一样的。

（8）"BINARY"关键字用来在搜索中区分大小写；在SQL语言中较常用的通配符可能就是"%"了，它表示任意字符的匹配，且不计字符的多少；"_"通配符的用法与"%"类似，但是又有不同的部分，"_"通配符仅替代一个字符。

（9）"INNER JOIN"（内连接或等值连接）：获取两个表中字段匹配关系的记录；"LEFT JOIN"会读取左边数据表的全部数据，即便右边数据表无对应数据。"RIGHT JOIN"会读取右边数据表的全部数据，即便左边数据表无对应数据；"CROSS JOIN"是MySQL中的一种连接方式，区别于内连接和外连接，对于"CROSS JOIN"连接来说，其实使用的就是笛卡尔连接。

（10）"ANY（SOME）"运算符是一个逻辑运算符，它将值与子查询返回的一组值进行比较；"ALL"运算符是一个逻辑运算符，它将单个值与子查询返回的单列值集进行比较；"IN"常用于"where"表达式中，其作用是查询某个范围内的数据；"EXISTS"用于检查子查询是否至少会返回一行数据，该子查询实际上并不返回任何数据，而是返回值"true"或"false"。

2. 存在问题/解决方案/项目优化

思考本项目学习过程中自身存在的问题并填写表4-27的内容。

表 4-27　项目优化表

序　　号	存在问题	优化方案	是否完成	完成时间
1				
2				

恭喜你，完成项目评价和复盘。通过MySQL查询项目，掌握了MySQL查询的基本知识。要熟练掌握该项目，这将为后面项目的完成奠定基础。

项目实训

1. 数据准备

```
#建学生信息表
create table student
(sno varchar(20) not null primary key,
sname varchar(20) not null,
ssex varchar(20) not null,
sbirthday datetime,
class varchar(20));
#建立教师表
create table teacher
(tno varchar(20) not null primary key,
tname varchar(20) not null,
tsex varchar(20) not null,
tbirthday datetime,
prof varchar(20),
depart varchar(20) not null);
#建立课程表
create table course
(cno varchar(20) not null primary key,
cname varchar(20) not null,
tno varchar(20) not null,
foreign key(tno) references teacher(tno));
#建立成绩表
create table score
(sno varchar(20) not null primary key,
```

```
foreign key(sno) references student(sno),
cno varchar(20) not null,
foreign key(cno) references course(cno),
degree decimal);
#添加学生信息
insert into student values('108','曾华','男','1977-09-01','95033');
insert into student values('105','匡明','男','1975-10-02','95031');
insert into student values('107','王丽','女','1976-01-23','95033');
insert into student values('101','李军','男','1976-02-20','95033');
insert into student values('109','王芳','女','1975-02-10','95031');
insert into student values('103','陆君','男','1974-06-03','95031');
#添加教师表
insert into teacher values('804','李诚','男','1958-12-02','副教授','计算机系');
insert into teacher values('856','张旭','男','1969-03-12','讲师','电子工程系');
insert into teacher values('825','王萍','女','1972-05-05','助教','计算机系');
insert into teacher values('831','刘冰','女','1977-08-14','助教','电子工程系');
#添加课程表
insert into course values('3-105','计算机导论','825');
insert into course values('3-245','操作系统','804');
insert into course values('6-166','数字电路','856');
insert into course values('9-888','高等数学','831');
#添加成绩表
insert into score values('103','3-245','86');
insert into score values('105','3-245','75');
insert into score values('109','3-245','68');
insert into score values('103','3-105','92');
insert into score values('105','3-105','88');
insert into score values('109','3-105','76');
insert into score values('103','3-105','64');
insert into score values('105','3-105','91');
insert into score values('109','3-105','78');
insert into score values('103','6-166','85');
insert into score values('105','6-166','79');
insert into score values('109','6-166','81');
```

2. 上机要求

（1）查询"Student"表中的所有记录的"Sname""Ssex""Class"列。

（2）查询教师所有的单位即不重复的"Depart"列。

（3）查询"Student"表的所有记录。

（4）查询"Score"表中成绩在"60"到"80"之间的所有记录。

（5）查询"Score"表中成绩为"85""86""88"的记录。

（6）查询"Student"表中"95031"班或性别为"女"的同学记录。

（7）以"Class"降序查询"Student"表的所有记录。

（8）以"Cno"升序、"Degree"降序查询"Score"表的所有记录。

（9）查询"95031"班的学生人数。

（10）查询"Score"表中的最高分的学生学号和课程号（子查询或排序）。

（11）查询每门课的平均成绩。

（12）查询"Score"表中至少有5名学生选修的并以3开头的课程的平均分数。

（13）查询分数大于"70"、小于"90"的"Sno"列。

（14）查询所有学生的"Sname""Cno""Degree"列。

（15）查询成绩高于学号为"109"、课程号为"3-105"的成绩的所有记录。

面试技巧

（1）MySQL中有哪几种锁？

① 表级锁：开销小，加锁快；不会出现死锁；锁定粒度最大，发生锁冲突的概率最高，并发度最低。

② 行级锁：开销大，加锁慢；会出现死锁；锁定粒度最小，发生锁冲突的概率最低，并发度也最高。

③ 页面锁：开销和加锁时间介于表级锁和行级锁之间；会出现死锁；锁定粒度介于表级锁和行级锁之间，并发度一般。

（2）MySQL中有哪些不同的表格？

共有5种类型的表格：

MyISAM。

Heap。

Merge。

InnoDB。

ISAM。

（3）简述在MySQL数据库中MyISAM和InnoDB的区别。

MyISAM：

① 不支持事务，但是每次查询都是原子的。

② 支持表级锁，即每次操作对整个表加锁。

③ 存储表的总行数。

④ 一个MyISAM表有三个文件：索引文件、表结构文件、数据文件。

⑤ 采用非聚集索引，索引文件的数据域存储指向数据文件的指针。辅索引与主索引基本一致，但是辅索引不用保证唯一性。

InnoDB：

① 支持ACID的事务，支持事务的四种隔离级别。

② 支持行级锁及外键约束，因此可以支持写并发。

③ 不存储表的总行数。

④ 一个InnoDB引擎存储在一个文件空间（共享表空间，表大小不受操作系统控制，一个表可能分布在多个文件里）中，也有可能为多个（设置为独立表空间，表大小受操作系统文件大小限制，一般为2GB）。

⑤ 主键索引采用聚集索引（索引的数据域存储数据文件本身），辅索引的数据域存储主键的值；因此从辅索引查找数据，需要先通过辅索引找到主键值，再访问辅索引；最好使用自增主键，防止在插入数据时，为维持"B+tree"结构，文件的大调整。

（4）MySQL中InnoDB支持的四种事务隔离级别名称，以及逐级之间的区别?

SQL标准定义的四个隔离级别如下。

read uncommited：读到未提交的数据。

read committed：脏读（又称无效数据的输出），不可重复读。

repeatable read：可重读。

serializable：串行事物。

项目五　索引、分区与视图

学习目标

知识目标：掌握数据库索引、分区与视图的基本概念。

能力目标：掌握数据库索引、分区与视图的使用方法。

素养目标：牢记化繁为简的道理，让学习更加高效。

思维导图

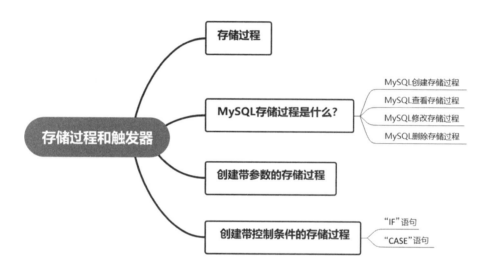

项目导言

通过前几个项目的学习，大家对数据库的概念、基本操作及SQL语句的使用有了一定的了解。在实际开发过程中，为了保证数据库操作中数据搜索的高效性、数据存储的局部性和数据查询的安全性，MySQL引入了索引、分区与视图，接下来我们一起来学习。

思政课堂

在许多大型项目中，数据库中的数据量是非常庞大的，我们如何在这么多数据中快速地进行查询？如何对相互关联的数据表进行管理？如何将一张数据量特别大的表放进容量有限的磁盘中？如何保证用户看到自己权限范围内的数据而不是表的全部？虽然同学们在之前的学习中已经掌握了数据库管理的基本知识，但是在实际应用中，我们还需要解决很多其他的问题，比如查询时间效率、存储空间效率和用户数据安全等。那么这些就需要同学们有勤学好问的学习精神和精益求精的工匠精神。接下来，我们将分别学习索引、分区与视图以解决上述问题。

任务一 创建和查看索引

任务描述

在读书、工作和日常生活中，我们都要以一种科学、严谨和精准的态度去面对问题。下面将介绍MySQL数据库索引，我们将经常用作索引的字段设置为索引字段，索引通常会具备相应的算法使数据库的查询更加高效。

知识储备

MySQL数据库索引是什么？

在现实生活中，当我们遇到某个不认识的字时，我们通常会查找字典去了解这个汉字怎么读。但是假如我们拿到的字典没有目录，并且字典是乱序的，那我们只能从字典的第一页开始进行汉字的对比，这种情况类似顺序查找。假设字典中有10万个汉字，顺序查找最坏的情况将会查找10万次，即便不是最坏情况，采用顺序查找字典中的汉字也是一个非常大的工程。将现实生活中发生的情况联系到数据库中，当我们在数据库中进行数据查找时，数据库中的数据量是非常庞大的。我们需要对它进行查找，就需要引入一个数据库的目录或者索引结构来解决数据量大、查找难的问题。本任务将会讲解MySQL数据库索引的原理及相关操作。

MySQL数据库是关系型数据库，索引在数据表中通常是由一列或多列的字段进行排序的，并且生成一个单独的、物理的数据结构将它存放在硬盘中。索引字段对应一个地址指针指向数据所在的物理位置，从而达到快速定位的功能。数据库中索引的作用，相当于现实生活中图书的目录。我们可以根据目录中的页码，快速地定位到所需要的内容。所以，数据库索引也称之为数据库中的一种数据结构。这种数据结构存储表中某一列或者某几列的所有值。索引是基于数据表中的某一列或某几列创建的。总而言之，索引是数据库表中一列或多列的字段通过排序构造的数据结构。使用数据库索引可以达到快速访问数据表中特定数据的能力，并且我们将它类比为字典中的目录。

数据库索引通过文件存储的形式存储在物理磁盘中，也可以存放在内存中。索引的存储可以通过以空间换时间的概念去理解。例如，字典在没有目录的情况下，页数有400页。如果我们以顺序查找的方式查找内容，平均时间需要两个小时。但是如果我们花其中的50页做出字典的目录，通过页码进行查找，平均查找一个字的时间只需要五分钟，这就叫作空间换时间的概念。

数据库的索引可以划分为几种类型，如表5-1所示。

表 5-1　数据库的索引类型

索引类型	特　　点
普通索引	任何字段都可以创建
唯一索引	字段的值必须具有唯一性才可以创建，效率高于普通索引
主键索引	主键的值必须具有唯一性才可以创建
全文索引	只针对文本类型
复合索引	多个字段联合创建

数据库索引按照对索引的不同操作分为四个部分：创建索引、查看索引、修改索引和删除索引。

任务实施

1. 任务实施流程

任务实施流程如表5-2所示。

表 5-2　任务实施流程

序　号	实施流程	功能描述/具体步骤
1	创建MySQL数据库索引	使用"create table"语句
2	查看MySQL数据库索引	使用"show index"语句

2. 任务分组

确定分工，营造小组凝聚力和工作氛围，培养学生的团队合作、互帮互助精神，填写表5-3的内容。

表 5-3　任务分组

组　名			
组　别			
团队成员	学　号	角色职位	职　责

恭喜你，已明确任务实施流程、完成任务分组，接下来进入任务实施。

3. 任务实施

（1）MySQL创建索引和查看索引。

在创建表的时候，同时对字段进行索引的建立，也可以在创建表完成之后，对具体的字段进行索引的添加。

在创建表的同时创建索引的语法格式如下：

```
create table 表名 (字段名 数据类型 [完整性约束条件], [UNIQUE |FULLTEXT
  |SPATIAL] INDEX  |KEY [索引名] (字段名1 [(长度) [ASC  |DESC]]));
```

语法说明如下。

- UNIQUE：表示索引为唯一索引，是可选的。
- FULLTEXT：表示索引为全文索引，是可选的。
- SPATIAL：表示索引为空间索引，是可选的。
- INDEX和KEY：用于指定字段为索引，二者选其一。
- 索引名：给创建的索引取一个新名称，是可选的。
- 字段名：指定索引对应的字段名称，该字段必须是前面定义好的字段。
- 长度：索引的长度，只有字符串类型才可以使用，是可选的。

（2）任务实施步骤。

① 在创建"普通索引"表的同时创建普通索引，其中将"id"字段设置为普通索引。

```
MySQL> create table 普通索引(
-> id int,
-> name varchar(20),
-> sex char(1),
-> index(id)
-> );
MySQL> describe 普通索引;
+-------+-------------+-------+-------+----------+-------+
|Field  |Type         |Null   |Key    |Default   |Extra  |
+-------+-------------+-------+-------+----------+-------+
|id     |int(11)      |YES    |MUL    |NULL      |       |
|name   |varchar(20)  |YES    |       |NULL      |       |
|sex    |char(1)      |YES    |       |NULL      |       |
+-------+-------------+-------+-------+----------+-------+
```

② 在创建"唯一性索引"表的同时创建唯一性索引，其中将"id"字段设置为唯一性索引。

```
MySQL> create table 唯一性索引(
-> id int,
-> name varchar(20),
-> sex char(1),
```

```
    -> unique index 唯一性索引(id asc)
    -> );
MySQL> describe 唯一性索引;
+-------+-------------+------+-----+---------+-------+
|Field  |Type         |Null  |Key  |Default  |Extra  |
+-------+-------------+------+-----+---------+-------+
|id     |int(11)      |YES   |UNI  |NULL     |       |
|name   |varchar(20)  |YES   |     |NULL     |       |
|sex    |char(1)      |YES   |     |NULL     |       |
+-------+-------------+------+-----+---------+-------+
```

为检测唯一性索引的功能，通过查找"book"表，并且插入一条与唯一性索引键数据相同的书籍信息的方式查看执行信息。例如，当插入信息（101101,'MySQL数据库', '张三','99.0,'清华大学出版社'）时，其中唯一性索引键"book_id"与"book"表中已有的信息重复，则显示报错信息。

```
MySQL> select * from book;
+-----------+-----------------------+-----------+-------+--------------------+
| book_id   | book_name             | author    | price | Press              |
+-----------+-----------------------+-----------+-------+--------------------+
|  101101   | HTML5秘籍             | Mattew    | 89.0  | 人民邮电出版社      |
|  101102   | PHP网站开发技术        | 唐俊      | 42.0  | 人民邮电出版社      |
|  101103   | 计算机网络与通信技术    | 周瑞琼    | 89.0  | 中国水利水电出版社   |
|  101104   | 立德树人              | 戴丽红    | 62.0  | 电子科技大学出版社   |
|  101105   | 数据结构理论与实践      | 奚小玲    | 72.0  | 东北大学出版社      |
+-----------+-----------------------+-----------+-------+--------------------+
5 rows in set (0.01 sec)
```

③ 在创建"全文索引"表的同时创建全文索引，其中将"info"字段设置为全文索引。

```
MySQL> create table 全文索引(
-> id int,
-> name varchar(20),
-> sex char(1),
-> info varchar(20),
-> fulltext index 全文索引(info)
-> );
MySQL> describe 全文索引;
```

```
+-------+--------------+-------+------+----------+-------+
|Field  |Type          |Null   |Key   |Default   |Extra  |
+-------+--------------+-------+------+----------+-------+
|id     |int(11)       |YES    |      |NULL      |       |
|name   |varchar(20)   |YES    |      |NULL      |       |
|sex    |char(1)       |YES    |      |NULL      |       |
|info   |varchar(20)   |YES    | MUL  |NULL      |       |
+-------+--------------+-------+------+----------+-------+
```

④ 查看"普通索引"表中的索引，使用"show index from"语句查看索引结构。

```
MySQL> show index from 普通索引;
+-------+------+---+------+-------+------+-------+------+---+----+----+
|Table  |Non_unique  |Key_name  |Seq_in_index  |Column_name  |Collation
|Cardinality |Sub_part |Packed|Null|Index_type|
+-------+------+---+------+-------+------+-------+------+---+----+----+
|普通索引| 1  |id | 1 |id  A |  0  | NULL |NULL |YES|BTREE  |
+-------+------+---+------+-------+------+-------+------+---+----+----+
```

通过查看"普通索引"表的索引信息，可以得到设置为索引的字段为"id"，并且其索引算法为"BTREE"树索引。

拓展阅读

MySQL数据库哪些情况适合创建索引，即如何优化SQL语句呢?

1. 字段的数值有唯一性的限制

索引本身可以起到约束的作用，比如唯一性索引，主键索引都是可以起到唯一性的约束作用的，因此在我们的数据表中如果某个字段是唯一性的，就可以直接创建唯一性索引或主键索引。这样可以更快速地通过索引来确定某条记录。

例如，"book"表中的"图书号"是具有唯一性的字段，为该字段建立唯一性索引可以很快确定某本书籍的信息，如果使用"书名"的话，可能存在同名的现象，从而降低查询速度。

说明：不要以为唯一性索引影响了插入速度，这个速度损耗可以忽略不计，但提高查询速度是明显的。

2. 频繁作为"where"查询条件的字段

如果某个字段在"select"语句的"where"条件中经常被使用到，那么就需要给这个字段创建索引。尤其是在数据量大的情况下，创建普通索引就可以大幅提升数据查询的效率。

3. 经常使用"group by"或"order by"的列

索引就是让数据按照某种顺序进行存储或检索，因此当我们使用"group by"对数据进行分组查询或使用"order by"对数据进行排序的时候，就需要对分组或排序的字段创建索引。如果待排序的列有多个，那么可以在这些列上建立组合索引。

如果在同时有"group by"和"order by"的情况下，我们可以创建一个联合索引，将"group by"的字段放在前面，将"order by"的字段放在后面。

4. "update"或"delete"的"where"条件列

当我们对某条数据进行"update"或"delete"操作的时候，是否也需要对"where"的条件列创建索引呢？

答案是肯定的。如果"where"字段创建了索引就能大幅提升效率，原理是我们需要先根据"where"条件检索出这条记录，然后再对其进行更新或删除。如果在更新时，更新的字段是非索引字段，提升的效率会更加明显，这是因为非索引字段更新不需要对索引进行维护。

5. "distinct"字段需要创建索引

有时候我们需要对某个字段去重，如"distinct"字段，那么对这个字段创建索引也会提升其查询效率。

6. 多表"join"连接操作时创建索引的注意事项

首先，连接表的数量尽量不要超过三张，因为每增加一张表就相当于增加了一次嵌套的循环，数量级增长会非常快，严重影响查询的效率。

其次，对"where"条件创建索引，因为"where"才是对数据条件的过滤。如果在数据量非常大的情况下，没有"where"条件过滤是非常可怕的。

最后，对用于连接的字段创建索引，并且该字段在多张表中的类型必须保持一致。

7. 使用列的类型小的创建索引

我们这里所说的类型大小指的就是该类型表示的数据范围的大小。

我们在定义表结构的时候要显示的指定列表类型，以整型为例有"tinyint""mediumint""int""bigint"等，它们占用的存储空间依次递增，能表示的整数范围当然也是依次递增的。如果我们想要对某个整数列建立索引的话，在表示的整数范围允许的情况下，尽量让索引列使用较小的数据类型。比如我们能使用"int"就不要使用"bigint"，能使用"mediumint"就不要使用"int"，原因如下：

（1）数据类型越小，在查询时进行的操作比较快。

（2）数据类型越小，索引占用的存储空间就越少（这个会在后续项目中讲述，比如聚簇索引的叶子节点及非叶子节点是如何存放数据的）。在一个数据页内就可以存放更多的记录，从而减少磁盘的I/O（输入/输出）带来的性能损耗，也就意味着可以把更多的数据页缓存到内存中，从而提升读写效率。

这个建议对于表的主键来说更加适用，因为不仅聚簇索引会存储主键值，其他二级索引节点处也会存储一份记录的主键值。如果主键使用更小的数据类型，也就意味着节省更多的存储空间和获得更高效的I/O。

8. 使用字符串前缀创建索引

假设我们的字符串很长，那么存储一个字符串就需要占用很大的存储空间。在我们需要这个字符串建立索引时，就意味着对应的"B+tree"索引中有两个问题：

① "B+tree"索引中的记录需要把该列的完整字符串存起来，更费时。另外，字符串越长，在索引中占用的存储空间也就越大。

② 如果"B+tree"索引中的索引列存储的字符串很长，那么在做字符串比较时会占用很多的时间。

我们可以通过截取字段前面的一部分内容建立索引，这个就叫前缀索引。这样在查找记录时虽然不能精确定位位置，但是能定位到相应的前缀所在的位置，然后根据前缀相同的记录的主键值回表查询完整的字符串值。这样既节约空间，又减少字符串的比较时间，还能解决排序的问题。

例如，"text"和"blog"类型的字段进行全文检索会很浪费时间，如果只检索字段前面的若干个字符，这样可以提高检索速度。

引申另一个问题：索引列前缀对排序的影响。

如果使用了索引列前缀，比如只把某个列的前12个字符放到二级索引中，那么查询可能有点尴尬了。

因为在二级索引中不包含完整的类信息，所以无法对前12个字符相同而后边的字符不同的记录进行排序。也就是使用索引列前缀的方式无法支持使用索引排序，只能使用文件排序。

在"varchar"字段上建立索引时，必须指定索引长度，没必要对全字段建立索引，根据实际文本区分度决定索引长度。

说明：索引的长度与区分度是一对矛盾体，一般对字符串类型的数据，长度为20的索引区分度会高达90%以上。

---

9. 区分度高（散列型高）的列适合作为索引

列的基数指的是某一列中不重复数据的个数，比方说某个列包含值"2""3""8""2""5""8""2""5""8"，虽然有9条记录，但该列的基数却是3。也就是说在记录行数一定的情况下列的基数越大，该列中的值越分散；列的基数越小，该列中的值越集中。这个列的基数指标非常重要，直接影响我们是否能有效地利用索引。最好为基数大的列建立索引，为基数太小的列建立索引引起的效果可能不好。

> 拓展：联合索引把区分度高（散列型）的列放在前面。

10. 使用最频繁的列放到联合索引的左侧

这样也可以较少地建立一些索引，同时由于最左前缀原则，可以减少联合索引的使用率。

11. 在多个字段都要创建索引的情况下联合索引优于单值索引

在实际工作中我们也需要注意平衡，索引的数目不是越多越好。我们需要限制每张表的索引数量，建议单张表的索引数量不要超过6个。原因如下：

（1）每个索引都需要占用磁盘空间，索引越多，需要的磁盘空间就越大。

（2）索引会影响"insert""delete""update"等语句的性能，因为表中的数据在更改的同时，索引也会对调整和更新会造成负担。

（3）优化器在选择如何优化查询时会根据统一信息，对每一个可以用到的索引来进行评估，以生成一个最好的执行计划。如果同时有很多索引都可以使用查询，会增加MySQL优化器生成执行计划的时间，降低查询性能。

任务二　修改和删除索引

任务描述

在数据表中有索引的情况下，可以利用"ALTER"和"DROP"语句对索引进行修改和删除。

知识储备

1. 修改和删除索引

"ALTER"语句的语法格式如下：

```
ALTER TABLE 表名ADD [UNIQUE |FULLTEXT  |SPATIAL] INDEX |KEY [索引名] (字段
名1 [(长度) [ASC |DESC]]);
```

语法说明：
- UNIQUE：表示索引为唯一索引，是可选的。
- FULLTEXT：表示索引为全文索引，是可选的。
- SPATIAL：表示索引为空间索引，是可选的。
- INDEX和KEY：用于指定字段为索引，二者选其一。

- 索引名：给创建的索引取一个新名称，是可选的。
- 字段名：指定索引对应的字段名称，该字段必须是前面定义好的字段。
- 长度：索引的长度，只有字符串类型才可以使用，是可选的。

"create index" 语句的语法格式如下：

```
create 索引类型 index 索引名 ON 表名 (字段名1, 字段名2, ...);
```

2. 删除索引

"drop index" 语句的语法格式如下：

```
drop index 索引名 ON 表名;
```

任务实施

1. 任务实施流程

任务实施流程如表5-4所示。

表5-4　任务实施流程

序　号	实施流程	功能描述/具体步骤
1	修改MySQL数据库索引	使用 "alter index" 语句
2	删除MySQL数据库索引	使用 "drop index" 语句

2. 任务分组

确定分工，营造小组凝聚力和工作氛围，培养学生的团队合作、互帮互助精神，填写表5-5的内容。

表5-5　任务分组

组　　名			
组　　别			
团队成员	学　　号	角色职位	职　　责

恭喜你，已明确任务实施流程、完成任务设计，接下来进入任务实施。

3. 任务实施

（1）使用如下代码可以添加普通索引，其中 "index_name" 表示普通索引，"column" 表示索引字段。

```
alter table 'index' add index index_name('column');
```

（2）使用如下代码可以添加主键索引，其中"primary key"表示主键索引，"column"表示索引字段。

```
alter table 'index' add primary key('column');
```

（3）使用如下代码可以添加唯一索引，其中"unique"表示唯一索引，"column"表示索引字段。

```
alter table 'index' add unique('column');
```

（4）使用如下代码可以添加全文索引，其中"fulltext"表示全文索引，"column"表示索引字段。

```
alter table 'index' add fulltext('column');
```

（5）使用如下代码可以添加多列索引，其中"index"表示索引，"index_name"表示索引名称，"column1""column2""column3"表示多个不同的字段组合（称为联合索引）。

```
alter table 'index' add index index_name('column1','column2','column3');
```

（6）使用如下代码可以添加唯一索引，使用"unique index"语句创建唯一索引。

```
create unique index index_1 on Test(name);
```

（7）使用如下代码可以在"person"表中删除"id"索引。

```
drop index id on person;
```

任务三　列级完整性约束

任务描述

列级完整性约束指在数据表创建或者改变时，对列进行约束定义，约束应用于相关的字段。对于某一个特定列的约束，需要包含在列的定义中，直接跟在该列的定义之后并用空格隔开。

列级完整性约束可以在创建表时或列被定义时进行声明，也可以在列被定义完成之后进行声明。

- NOT NULL：非空约束，限制列取值非空。
- PRIMARY KEY：主键约束，指定本列为主键。
- FOREIGN KEY：外键约束，定义本列为引用其他表的外键。

- UNIQUE：唯一值约束，限制列取值不能重复。
- DEFAULT：默认值约束，指定列的默认值。
- CHECK：列取值范围约束，限制列的取值范围。

知识储备

列级完整性约束

（1）主键约束。

定义主键的语法格式为：

```
PRIMARY KEY [(<列名>[,...n])]
```

（2）外键约束。

定义外键的语法格式为：

```
[FOREIGN KEY (<列名>)] REFERENCES <外表名> (<外表列名>)
```

（3）唯一值约束。

定义"UNIQUE"约束时的注意事项：

① 有"UNIQUE"约束的列允许有一个空值。

② 在一个表中可以定义多个"UNIQUE"约束。

③ 可以在一个列或多个列上定义"UNIQUE"约束。

定义唯一值约束的语法格式为：

```
UNIQUE [(<列名>[,...n])]
```

（4）默认值约束。

定义"DEFAULT"约束的语法格式为：

```
DEFAULT 常量表达式
```

（5）列值取值范围约束。

定义"CHECK"约束的语法格式为：

```
CHECK (逻辑表达式)
```

任务实施

1. 任务实施

根据下表给出的信息，创建"读者表""图书表""借阅表"，并且在创建表时给每张表添加对应的索引和约束，根据表5-6、表5-7、表5-8中的列名、数据类型、约束创建表。

表 5-6　读者表

列　　名	数据类型	约　　束
id	int(10)	主键、自动增长
name	varchar(30)	非空
sex	varchar(4)	非空，默认值为"男"，检查只能是"男"或"女"
barcode	varchar(30)	
birthday	date	
paperType	varchar(10)	
paperNO	varchar(20)	
tel	varchar(20)	
email	varchar(100)	
typeid	int(10)	
operator	varchar(30)	
createDate	date	

表 5-7　图书表

列　　名	数据类型	约　　束
id	int(10)	主键、自动增长
typeid	int(10)	非空
bookname	varchar(70)	
author	varchar(30)	
translator	varchar(30)	
ISBN	varchar(20)	
price	float(8,2)	
page	int(10)	
storage	int(10)	
inTime	date	
operator	varchar(30)	
bookcase	int(10)	
barcode	varchar(30)	

表 5-8　借阅表

列　　名	数据类型	约　　束
id	int(10)	主键、自动增长
readerid	int(10)	主键、外键
bookid	int(10)	主键、外键
borrowTime	date	
backTime	date	
operator	varchar(30)	
ifback	tinyint(1)	

2. 任务分组

确定分工，营造小组凝聚力和工作氛围，培养学生的团队合作、互帮互助精神，填写表5-9的内容。

表 5-9　任务分组

组　　名			
组　　别			
团队成员	学　　号	角色职位	职　　责

恭喜你，已明确任务实施流程、完成任务设计，接下来进入任务实施。

3. 任务实施

```
MySQL> create table 学生表(
-> 学号 char(6) primary key,
-> 姓名 varchar(20) not null,
-> 性别 char(1) not null default '男' check (性别 in ('男','女')),
-> 出生日期 date null,
-> 所在系 varchar(20) null,
-> 备注 text null
-> );
```

```
MySQL> describe 学生表;
+------------+------------+------+------+---------+------+
|Field       |Type        |Null  |Key   |Default  |Extra |
+------------+------------+------+------+---------+------+
|学号        |char（6）    |NO    |PRI   |NULL     |      |
|姓名        |varchar(20) |NO    |      |NULL     |      |
|性别        |char（1）    |NO    |      |男       |      |
|出生日期    |date        |YES   |      |NULL     |      |
|所在系      |varchar(20) |YES   |      |NULL     |      |
|备注        |text        |YES   |      |NULL     |      |
+------------+------------+------+------+---------+------+
MySQL> create table 课程表(
-> 课程号 char（3）primary key,
-> 课程名 varchar(20) not null,
-> 选修课程号 char（3）null,
-> 学分 tinyint null,
-> 开课学期 tinyint null
-> );
MySQL> describe 课程表;
+------------+------------+------+------+---------+------+
|Field       |Type        |Null  |Key   |Default  |Extra |
+------------+------------+------+------+---------+------+
|课程号      |char（3）    |NO    |PRI   |NULL     |      |
|课程名      |varchar(20) |NO    |      |NULL     |      |
|选修课程号  |char（3）    |YES   |      |NULL     |      |
|学分        |tinyint（4） |YES   |      |NULL     |      |
|开课学期    |tinyint（4） |YES   |      |NULL     |      |
+------------+------------+------+------+---------+------+
MySQL> create table 成绩表(
-> 学号 char（6）,
-> 课程号 char（3）,
-> 成绩 smallint null check（成绩 between 0 and 100）,
-> foreign key（学号）references 学生表(学号),
-> foreign key（课程号）references 课程表(课程号)
-> );
MySQL> describe 成绩表;
+-----------+------------+------+------+---------+------+
```

```
|Field       |Type          |Null  |Key   |Default    |Extra |
+-----------+--------------+------+------+-----------+------+
|学号        |char（6）     |NO    |PRI   |NULL       |      |
|课程号      |char（3）     |NO    |PRI   |NULL       |      |
|成绩        |smallint（6） |YES   |      |NULL       |      |
+-----------+--------------+------+------+-----------+------+
```

任务四　MySQL 数据库分区

知识储备

MySQL 数据库分区

（1）MySQL数据库分区概述。

数据库在互联网的实际应用中，每张表的数据量是巨大的，查找数据很困难，并且很难将数据集中存放到某一个存储区间。为了解决上述问题，数据库新增了分区的功能。分区的原理在于，在物理层面将一个表分割成许多个小块进行存储，也就是所谓的分区。另外，分区还可以将数据分配到不同的物理位置（磁盘），从而解决以往一张表的容量大于一块磁盘的问题。

MySQL分区的优点和缺点如表5-10所示。

表 5-10　MySQL 分区的优点和缺点

优　　点	缺　　点
可以存储更多的数据； 优化查询； 对于不需要的数据可通过删除区块快速删除； 跨多个磁盘来分散数据查询，可获得更大的查询吞吐量； 易于管理数据量大的表	一个表最多只能有1024个分区； 在MySQL 5.1中，分区表达式必须为整数或返回整数，而在MySQL 5.5以后可以使用非整数，即其他的数据类型（并不是所有的数据类型）来分区； 分区表无法使用外键约束

MySQL可以通过以下命令来确定当前的MySQL是否支持分区。

对于MySQL 5.6以下的版本要使用如下命令：

```
show variables like '%partition%';
```

对于MySQL 5.6以上的版本要使用如下命令：

```
show plugins;
```

当看到有"partiton"且"Status"是"ACTIVE"时，表示MySQL支持分区。

```
MySQL> show plugins;
+-------------------+-----------+----------------+--------+---------+
|Name               |Status     |Type            |Library |License  |
+-------------------+-----------+----------------+--------+---------+
|MRG_MYISAM         |ACTIVE     |STORAGE ENGINE  |NULL    |GPL      |
|PERFORMANCE_SCHEMA |ACTIVE     |STORAGE ENGINE  |NULL    |GPL      |
|ARCHIVE            |ACTIVE     |STORAGE ENGINE  |NULL    |GPL      |
|BLACKHOLE          |ACTIVE     |STORAGE ENGINE  |NULL    |GPL      |
|FEDERATED          |DISABLED   |STORAGE ENGINE  |NULL    |GPL      |
|partition          |ACTIVE     |STORAGE ENGINE  |NULL    |GPL      |
|ngram              |ACTIVE     |FTPARSER        |NULL    |GPL      |
+-------------------+-----------+----------------+--------+---------+
```

（2）MySQL数据库分区操作。

MySQL数据库中的数据是以文件的形式存在磁盘上的，默认放在"/MySQL/data"中（可以通过"my.cnf"中的"datadir"来查看），一张表主要对应三个文件，一个是存放表结构的（frm），一个是存放表数据的（myd），一个是存放表索引的（myi）。如果一张表的数据量太大，那么"myd"和"myi"就会变得很大，查找数据就会变得很慢，这个时候我们可以利用MySQL的分区功能，在物理位置存储中将这一张表对应的三个文件，分割成许多个小块，这样在查找一条数据时，就不用全部查找了，只要知道这条数据在哪一块，然后在那一块上找就行了。如果表的数据量太大，可能一个磁盘放不下，这个时候，我们可以把数据分配到不同的磁盘里面去。

分表指的是通过一定规则，将一张表分解成多张不同的表。比如将用户订单记录根据时间分成多个表。分表与分区的区别在于：分区从逻辑上来讲只有一张表，而分表则是将一张表分解成多张表。

分区存储的原则：页面展示数据根据哪个字段查询就根据相应字段拆分。这样可以保证在查询时只查一个表，而不是查多个表。

以下是一个创建QQ空间日志表的案例，首先建表，语句如下：

```
MySQL> create table blog1(
-> id int unsigned key auto_increment,
-> title varchar(255),
-> content text,
-> userid int,
-> pubtime int
-> );
```

接着向日志表中插入具体数据，语句如下：

```
MySQL> insert into blog1(title,content,userid,pubtime) values
-> ('t1','c1',1,1526549948),
-> ('t2','c2',1,1526549948),
-> ('t3','c3',1,1526549948),
-> ('t4','c4',1,1526549948),
-> ('t5','c5',1,1526549948),
-> ('t6','c6',1,1526549948),
-> ('t7','c7',1,1526549948),
-> ('t8','c8',1,1526549948),
-> ('t9','c9',1,1526549948),
-> ('t10','c10',1,1526549948),
-> ('t11','c11',1,1526549948),
-> ('t12','c12',1,1526549948),
-> ('t13','c13',1,1526549948),
-> ('t14','c14',1,1526549948),
-> ('t15','c15',1,1526549948)
-> ;
Records: 15  Duplicates: 0  Warnings: 0
```

假设根据日志表中的编号"id"进行分区，可以将数据表分成3个区："blog_1""blog_2""blog_3"，其中"id（1～5）"存放在"blog_1"表中，"id（6～10）"存放在"blog_2"表中，"id（11～15）"存放在"blog_3"表中，具体分区信息如下所示：

```
MySQL> select * from blog;
+---+-------+----------+-------+------------+
|id |title  |content   |userid |pubtime     |
+---+-------+----------+-------+------------+
| 1 |t1     |c1        |     1 |1526549948  |
| 2 |t2     |c2        |     2 |1526549948  |
| 3 |t3     |c3        |     3 |1526549948  |
| 4 |t4     |c4        |     3 |1526549948  |
| 5 |t5     |c5        |     5 |1526549948  |
| 6 |t6     |c6        |     4 |1526549948  |
| 7 |t7     |c7        |     4 |1526549948  |
| 8 |t8     |c8        |     3 |1526549948  |
| 9 |t9     |c9        |     3 |1526549948  |
|10 |t10    |c10       |     1 |1526549948  |
|11 |t11    |c11       |     2 |1526549948  |
```

```
|12 |t12    |c12        |      3  |1526549948 |
|13 |t13    |c13        |      4  |1526549948 |
|14 |t14    |c14        |      5  |1526549948 |
|15 |t15    |c15        |      1  |1526549948 |
+----+------+-----------+-------+-----------+
```

若要查询用户"userid=3"的日志信息，可以使用多表联合查询，查询语句如下：

```
MySQL> select * from blog_1 where userid=3
-> union
-> select * from blog_2 where userid=3
-> union
-> select * from blog_3 where userid=3;
```

假设需要查询用户"userid=3"的日志信息，由于在数据库分区时所设置的分区字段为编号"id"，那么就存在同一个用户"userid"的日志信息存放在不同的表中。如果使用查询语句"userid=3"查询日志信息会造成数据库中有多个临时表，使得数据库性能下降。因此，必须保证同一个用户的日志信息保存在一个数据表中才能提高查询性能。

① "RANGE"分区。

"RANGE"分区是基于一个给定的连续区间，把数据分配到不同的分区。

根据userid的范围进行分区：

```
userid <= 3;
userid <= 6;
```

"RANGE"分区的使用前提是分区字段的值增量不是很大。

"RANGE"分区即范围分区，根据区间来判断数据位于哪个分区。

以QQ空间日志表为例，若使用"RANGE"分区将数据表中的字段"userid"设为分区键，可使得用户"id"以"3"为区间保存在数据表中，从而保证同一用户的日志信息保存在一个表中，提高数据库的查询性能。

区间要连续且不能相互重叠，使用"VALUES LESS THAN"操作符进行定义。

"RANGE"分区适用场合：

● 当需要删除一个分区上"旧的"数据时，只删除分区即可。

● 经常执行包含分区键的查询。

② "LIST"分区。

"LIST"分区是基于列值匹配一个离散值计划中的某个值来选择分区的。

根据"userid"的某个值进行分区：

```
userid = 1
```

```
userid = 2
userid = 3
userid = 4
userid = 5
```

"LIST"分区的使用前提：分区所依据的字段的值不增加，且值的个数比较少。

以QQ空间日志表为例，若使用"LIST"分区将数据表中的字段"userid"设为分区键，可使得用户"id"以具体数字保存在数据表中，从而保证同一用户的日志信息保存在一个表中，提高数据库的查询性能。但是缺点在于若分区之后又有新的用户插入数据表中，则需要重新对数据表进行分区。

"LIST"分区通过使用"PARTITION BY LIST(expr)"来实现，其中"expr"是某列值或基于某列值返回一个整数值的表达式。

通过"VALUES IN(value_list)"的方式来定义每个分区，其中"value_list"是一个通过逗号分隔的整数列表。

使用"LIST"分区的主要事项：

● 在MySQL 5.1中，当使用"LIST"分区时，有可能只能匹配整数列表。

● "LIST"分区不必声明任何特定顺序。

③ "HASH"分区。

"HASH"分区是基于用户定义的表达式返回值来选择分区的，该表达式对要插入到表中的行的列值进行哈希计算（HASH计算）。

根据"userid"的"Hash"值运算结果进行分区：

```
Hash(userid)%3=0 ——>
Hash(userid)%3=1 ——>
Hash(userid)%3=2 ——>
```

使用"HASH"分区对数据表进行分区，其最大的优点在于其扩展性好。

以QQ空间日志表为例，若使用"HASH"分区将数据表中的字段"userid"设为分区键，可使得用户ID分为3个区保存在数据表中，分区依据即将用户ID除3取余，利用所得的余数进行分区。从而保证同一用户的日志信息保存在一个表中，提高数据库的查询性能。其优点在于：若分区之后又有新的用户插入到数据表中，不需要重新对数据表进行分区。

在"CREATE TABLE"语句上添加一个"PARTITION BY HASH(expr)"语句，其中"expr"是某列值或基于某列值返回一个整数值的表达式。

④ "KEY"分区。

使用MySQL提供的"HASH"函数，同时"HASH"分区只支持整数类型，而"KEY"分区支持除"BLOB"和"TEXT"类型外的其他类型。

根据"userid key"函数的运算结果进行分区：

```
key(userid)%3=0
key(userid)%3=1
key(userid)%3=2
```

线性 "HASH" 分区在 "PARTITION BY" 语句中添加 "LINEAR" 关键字。

"KEY" 分区与 "HASH" 分区的区别：

● "KEY" 分区允许多列，而 "HASH" 分区只允许一列。

● 如果在有主键或唯一键的情况下，"KEY" 分区列可不指定，默认为主键或唯一键；如果没有主键或唯一键，则必须显性指定列。

● "KEY" 分区对象必须为列，而不能是基于列的表达式。

● "KEY" 分区和 "HASH" 分区的算法不同。

任务实施

1. 任务实施流程

任务实施流程如表5-11所示。

表 5-11　任务实施流程

序　号	实施流程	功能描述/具体步骤
1	创建MySQL数据库分区	创建 "RANGE" "LIST" "HASH" "KEY" 分区
2	查看MySQL数据库分区	找到数据库 "data" 文件夹

2. 任务分组

确定分工，营造小组凝聚力和工作氛围，培养学生的团队合作、互帮互助精神，填写表5-12的内容。

表 5-12　任务分组

组　　名			
组　　别			
团队成员	学　　号	角色职位	职　　责

恭喜你，已明确任务实施流程、完成任务分组，接下来进入任务实施。

3. 任务实施

（1）创建 "range_test" 表，并以日期作为分区列，使用 "values less than" 创建 "RANGE" 分区。

```
MySQL> create table range_test(
-> id int default null,
-> name char(30),
-> datedate date
-> )
-> partition by range (year(datedate))(
-> partition part1 values less than (1990),
-> partition part2 values less than (1995),
-> partition part3 values less than (2000),
-> partition part4 values less than maxvalue
-> );
```

"RANGE"分区在磁盘中的存储文件如图5-1所示。

range_test#p#part1.ibd	2022/3/8 11:00	IBD 文件
range_test#p#part2.ibd	2022/3/8 11:00	IBD 文件
range_test#p#part3.ibd	2022/3/8 11:00	IBD 文件
range_test#p#part4.ibd	2022/3/8 11:00	IBD 文件

图 5-1 "RANGE"分区在磁盘中的存储文件

（2）创建"list_test"表，并进行"LIST"分区，使用"values in"创建"LIST"分区。

```
MySQL> create table list_test(
-> id int not null,
-> name char(30),
-> career varchar(30)
-> )
-> partition by list (id)(
-> partition part0 values in (1,5),
-> partition part1 values in (11,15),
-> partition part2 values in (6,10),
-> partition part3 values in (16,20)
-> );
```

"LIST"分区在磁盘中的存储文件如图5-2所示。

📄 list_test#p#part0.ibd	2022/3/8 11:15	IBD 文件
📄 list_test#p#part1.ibd	2022/3/8 11:15	IBD 文件
📄 list_test#p#part2.ibd	2022/3/8 11:15	IBD 文件
📄 list_test#p#part3.ibd	2022/3/8 11:15	IBD 文件

图 5-2 "LIST" 分区在磁盘中的存储文件

（3）创建 "hash_test" 表，利用表的整数字段 "store_id" 进行分区，分区数量为 "4"，使用 "HASH" 函数创建 "HASH" 分区。

```
MySQL> create table hash_test1(
-> id int not null,
-> firstname varchar(30),
-> lastname varchar(30),
-> hired date not null default '1970-01-01',
-> separated date not null default '9999-12-31',
-> job_code int,
-> store_id int
-> )
-> partition by hash(store_id) partitions 4;
MySQL> insert into hash_test1 values
-> (20,'xins','Tor','2012-02-02','2018-10-14',37,234);
MySQL> select * from hash_test;
+----+----------+----------+------------+------------+----------+----------+
|id |firstname |lastname |hired       |separated   |job_code |store_id |
+----+----------+----------+------------+------------+----------+----------+
|20 |xins      |Tor       |2012-02-02 |2018-10-14 |    37    |   234    |
+----+----------+----------+------------+------------+----------+----------+
MySQL> select * from hash_test partition(p0);
Empty set (0.00 sec)
MySQL> select * from hash_test partition(p1);
Empty set (0.00 sec)
MySQL> select * from hash_test partition(p2);
+----+----------+----------+------------+------------+----------+----------+
|id  |firstname |lastname |hired      |separated  |job_code |store_id |
+----+----------+----------+------------+------------+----------+----------+
|20  |xins      |Tor       |2012-02-02 |2018-10-14 | 37      |   234    |
```

```
+----+---------+---------+-----------+--------+---------+--------+
MySQL> select * from hash_test partition(p3);
Empty set (0.00 sec)
```

"HASH"分区在磁盘中的存储文件如图5-3所示。

hash_test#p#p0.ibd	2022/3/8 11:22	IBD 文件
hash_test#p#p1.ibd	2022/3/8 11:22	IBD 文件
hash_test#p#p2.ibd	2022/3/8 11:22	IBD 文件
hash_test#p#p3.ibd	2022/3/8 11:22	IBD 文件

图 5-3　"HASH"分区在磁盘中的存储文件

通过插入一条数据，查询每个分区中的数据信息，可以掌握分区的具体逻辑。例如，在上述例题中将"store_id"设置为索引字段，分区类型为"HASH"分区，分区数量为"4"。当插入信息中的"store_id"为"234"时，根据"HASH"索引分区的逻辑，将"234"除"4"取余，得到的余数为"2"，即得到插入信息所在的分区号。

（4）创建"key_test"表，分区数量为"3"，使用"KEY"函数创建"KEY"分区。

```
MySQL> create table key_test(
-> col1 int not null,
-> col2 char(5),
-> col3 date,
-> primary key(col1)
-> )
-> partition by key(col1) partitions 3;
```

"KEY"分区在磁盘中的存储文件如图5-4所示。

key_test#p#p0.ibd	2022/3/8 11:44	IBD 文件
key_test#p#p1.ibd	2022/3/8 11:44	IBD 文件
key_test#p#p2.ibd	2022/3/8 11:44	IBD 文件

图 5-4　"KEY"分区在磁盘中的存储文件

（5）假设有20个音像店，分布在5个有经销权的地区，如表5-13所示。

表 5-13　商店 id 号数据信息地区划分

地　　区	商店 id 号	地　　区	商店 id 号
北区	3,5,6,9,17	西区	4,12,13,14,18
东区	1,2,10,11,19,20	中心区	6,8,15,16

根据以上字段信息,可以分析出商店id号数据信息按地区划分属于离散型,符合"LIST"分区的分区依据,创建数据表的语句如下:

```
MySQL> create table employees(
-> id int not null,
-> firstname varchar(30),
-> lastname varchar(30),
-> hired date not null default '1970-01-01',
-> separated date not null default '9999-12-31',
-> job_code int,
-> store_id int
-> )
-> partition by list(store_id)(
-> partition North values in (3,5,6,9,17),
-> partition East values in (1,2,10,11,19,20),
-> partition West values in (4,12,13,14,18),
-> partition Central values in (7,8,15,16)
-> );
```

拓展阅读

一、什么是MySQL分表,分区

什么是分表,从表面意思上看,就是把一张表分成多张小表。

什么是分区,分区就是把一张表的数据分成多个区块,这些区块可以在同一个磁盘上,也可以在不同的磁盘上。

二、MySQL分表和分区有什么区别

1. 实现方式

MySQL的分表是真正的分表,一张表分成很多表后,每一张小表都是完整的一张表,都对应三个文件:一个".MYD"数据文件,一个".MYI"索引文件和一个".frm"表结构文件。

分区不一样,一张大表进行分区后,它还是一张表,不会变成两张表,但是它存放数据的区块变多了。

2. 提高性能

分表的重点是在存取数据时,如何提高MySQL的并发能力;

分区的重点是如何突破磁盘的读写能力,从而达到提高MySQL性能的目的。

3. 实现的难易度

（1）分表的方法有很多，用"merge"来分表是较简单的一种方式。这种方式跟分区的难易度差不多，并且对程序代码来说是可以做到透明的。如果用其他分表方式就比较麻烦了。

（2）分区实现是比较简单的，建立分区表，跟创建平常的表没什么区别，并且对代码端来说是透明的。

三、MySQL分表和分区有什么联系

（1）都能提高MySQL的性能，在高并发状态下都有一个良好的效率。

（2）分表和分区不矛盾，是可以相互配合的，对于那些访问量大，并且表数据比较多的表，我们可以采取分表和分区结合的方式（如果"merge"这种分表方式，不能和分区配合的话，可以用其他的分表方式。访问量不大，但是对于表数据很多的表，我们可以采取分区的方式）。

任务五　MySQL 数据库创建和查看视图

任务描述

思政小课堂

网络安全一直是互联网中较为关注的事情，在用户从数据库中查找信息时，常常不用获得一张表的全部内容，或者需要获取几张表的内容，我们不可能将几张表的读写权限都授权给用户。MySQL数据库视图就应运而生，视图并不是实际存在的表，将想要给用户浏览的信息放入视图，可以保护数据库中的信息不被非法用户所获取。

视图是从一个或几个基本表（或视图）中导出的虚拟表。在系统的数据字典中仅存放视图的定义，不存放视图对应的数据。

视图是原始数据库中数据的一种表现方式，是除了"select"查找表中数据的另一种方式。我们可以把视图看作一个让用户看到他感兴趣数据的窗口，视图可以从一个或多个数据表中获得数据库中的数据。我们把产生视图所用的表叫作视图的基表，并且视图也可以通过另外一个视图产生，将另外一个视图作为类似基表的模式。

视图的优势如下。

（1）安全：有的数据是需要保密的，如果直接给出表让用户进行操作会造成泄密，那么可以通过创建视图来限制用户的权限，从而保证数据的安全性。

（2）高效：复杂的连接查询在每次执行时效率会比较低，而在建立视图后，每次从视图中获取数据的效率会提高。

（3）定制数据：可以将常用的字段放置在视图中。

知识储备

MySQL 数据库视图创建和查看

（1）创建视图。

语法格式：

```
create view view_name AS select column_name(s) from table_name where condition;
```

语法说明：

- view_name：创建的视图名。
- column_name(s)：查询的列名。
- table_name：查询的表名。
- condition：查询条件。

（2）查询视图。

语法格式：

```
show tables;
show table status;
```

（3）查看视图。

语法格式：

```
show create view view_name;
```

任务实施

1. 任务实施流程

任务实施流程如表5-14所示。

表 5-14　任务实施流程

序　号	实施流程	功能描述/具体步骤
1	创建数据库视图	使用"create view"语句
2	查看数据库视图	使用"show create view"语句

2. 任务分组

确定分工，营造小组凝聚力和工作氛围，培养学生的团队合作、互帮互助精神，填写表5-15的内容。

表 5-15 项目分组

组　　名			
组　　别			
团队成员	学　号	角色职位	职　　责

恭喜你，已明确任务实施流程、完成任务设计，接下来进入任务实施。

3. 任务实施

（1）创建一个包含"计算机系"学生的成绩单视图，视图中应有学生的学号、姓名、课程号、课程名和成绩信息。

```
MySQL> create view 计算机系_成绩单
-> AS
-> select 学生表.学号,姓名,课程表.课程号,课程名,成绩
-> from 学生表 INNER JOIN 成绩表 ON 学生表.学号 = 成绩表.学号
-> JOIN 课程表 ON 课程表.课程号 = 成绩表.课程号
-> where 所在系 = '计算机系';
```

（2）查询一个包含"计算机系"学生的成绩单视图，视图中应有学生的学号、姓名、课程号、课程名和成绩信息。

```
MySQL> select * from 计算机系_成绩单;
+--------+----------+------+----------+-------+
|学号    |姓名      |年龄  |课程号    |成绩   |
+--------+----------+------+----------+-------+
|060101  |钟文辉    |  25  |C01       |   91  |
|060101  |钟文辉    |  25  |C03       |   88  |
|060101  |钟文辉    |  25  |C04       |   95  |
|060101  |钟文辉    |  25  |C05       | NULL  |
|060102  |吴细文    |  25  |C02       |   81  |
|060102  |吴细文    |  25  |C03       |   76  |
|060102  |吴细文    |  25  |C04       |   92  |
+--------+----------+------+----------+-------+
```

（3）查询包含"计算机系"学生的成绩单视图中的基本信息，可以查看视图中的视图

名称、创建视图的语句、客户端使用的编码信息、MySQL字符集和校对规则。

```
MySQL> show create view '计算机系_成绩单';
view: 计算机系_成绩单
create view:
create algorithm=undefined definer='root'@'localhost' SQL SECURITY DEFINER
view '计算机系_成绩单'
AS select '学生表'.'学号'
AS '学号','学生表'.'姓名'
AS '姓名','课程表'.'课程号'
AS '课程号','课程表'.'课程名'
AS '课程名','成绩表'.'成绩'
AS '成绩' from (('学生表'
JOIN '成绩表' ON(('学生表'.'学号' = '成绩表'.' 学号')))
JOIN '课程表' ON(('课程表'.'课程号' = '成绩表'.'课程号')))
where ('学生表'.'所在系' = '计算机系')
character_set_client: utf8mb4
collation_connection: utf8mb4_general_ci
```

拓展阅读

1. 数据库视图和表的区别是什么

（1）视图是已经编译好的SQL语句，表不是；

（2）视图没有实际的物理记录，表有；

（3）表是内容，视图是窗口；

（4）表占用物理空间，视图不占用物理空间；

（5）表是概念模式，视图是外模式；

（6）表属于全局模式中的表，视图属于局部模式中的表。

2. 数据库中视图和表的联系

（1）视图是在基本表之上建立的表，它的结构（即所定义的列）和内容（即所有数据行）都来自基本表，它依据基本表存在而存在；

（2）一个视图可以对应一个基本表，也可以对应多个基本表；

（3）视图是基本表的抽象和在逻辑意义上建立的新关系。

视图是一个子查询，性能肯定会比直接查询要低（尽管MySQL内部有优化），所以在使用视图时有一个必须要注意的，就是不要嵌套使用查询，尤其是复杂查询。

3. 视图有什么用

（1）当一个查询需要频频作为子查询使用时，视图可以简化代码，直接调用而不是每次都去重复写这个东西。

（2）系统的数据库管理员需要给他人提供一张表的某两列数据，而不希望他可以看到其他任何数据，这时可以创建一个只有这两列数据的视图，然后把视图公布给他。

4. 性能损失解决方案

对视图的查询语句进行优化。通常来说，直接查询和查询视图是没有什么区别的（MySQL本身会进行优化），除非视图嵌套了视图，或者子查询很复杂需要计算。

任务六　MySQL 数据库修改和删除视图

任务描述

使用"alter"语句和"drop"语句对数据库视图进行修改和删除。

知识储备

MySQL 数据库视图修改和删除

（1）修改视图。

"alter"语句的语法格式：

```
alter view view_name AS select column_name(s) from table_name where condition;
```

语法说明：

- view_name：创建的视图名。
- column_name(s)：查询的列名。
- table_name：查询的表名。
- condition：查询条件。

（2）删除视图。

"drop"语句的语法格式：

```
drop view view_name;
```

任务实施

1. 任务实施流程

任务实施流程如表5-16所示。

表 5-16　任务实施流程

序　号	实施流程	功能描述/具体步骤
1	修改数据库视图	使用"alter view"语句
2	删除数据库视图	使用"drop view"语句

2. 任务分组

确定分工，营造小组凝聚力和工作氛围，培养学生的团队合作、互帮互助精神，填写表5-17的内容。

表 5-17　项目分组

组　名			
组　别			
团队成员	学　号	角色职位	职　责

恭喜你，已明确任务实施流程、完成任务设计，接下来进入任务实施。

3. 任务实施

（1）修改任务五创建的视图，使其包含学生的年龄信息。

```
MySQL> alter view 计算机系_成绩单
-> as
-> select 学生表.学号,姓名,year(now())-year(出生日期) 年龄,课程表.课程号,成绩
-> from 学生表 INNER JOIN 成绩表 ON 学生表.学号 = 成绩表.学号
-> JOIN 课程表 ON 课程表.课程号 = 成绩表.课程号
-> where 所在系 = '计算机系';
MySQL> select * from 计算机系_成绩单;
+-------+----------+-------+----------+-------+
|学号   |姓名      |年龄   |课程号     |成绩   |
+-------+----------+-------+----------+-------+
|060101 |钟文辉    |    25 |C01      |    91 |
|060101 |钟文辉    |    25 |C03      |    88 |
|060101 |钟文辉    |    25 |C04      |    95 |
|060101 |钟文辉    |    25 |C05      |  NULL |
|060102 |吴细文    |    25 |C02      |    81 |
|060102 |吴细文    |    25 |C03      |    76 |
```

```
|060102 |吴细文       |   25 |C04      |   92 |
+-------+----------+------+----------+------+
```

（2）删除任务五中创建的视图。

```
MySQL> drop view 计算机系_成绩单;
```

项目评价

1. 小组自查

小组内进行自查，填写表5-18的内容。

表 5-18　预验收记录

组　　名		完成情况				
任务序号	任务名称	验收任务	验收情况	整改措施	完成时间	自我评价
1						
2						
3						
4						
5						
6						
验收结论：						

2. 项目提交

组内验收完成，各小组交叉验收，填写表5-19的内容。

表 5-19　小组验收报告

组　　名		完成情况				
任务序号	任务名称	验收时间	存在问题	验收结果	验收评价	验收人
1						
2						
3						
4						
5						
6						
验收结论：						

3. 展示评价

各小组展示作品，介绍任务的完成过程、运行结果，整理代码、技术文档，进行小组自评、组间互评、教师评价，填写表5-20的内容。

表 5-20　考核评价表

序　号	评价项目	评价内容	分值	小组自评（30%）	组间互评（30%）	教师评价（40%）	合计
1	职业素养 （30分）	分工合理,制订计划能力强,严谨认真	5				
		爱岗敬业，责任意识，服从意识	5				
		团队合作、交流沟通、互相协作、互相分享	5				
		遵守行业规范、职业标准	5				
		主动性强，保质保量完成相关任务	5				
		能采取多样化手段收集信息、解决问题	5				
2	专业能力 （60分）	任务流程明确	10				
		程序设计合理、熟练	10				
		代码编写规范、认真	10				
		项目提问回答正确	10				
		项目结果正确	10				
		技术文档整理完整	10				
3	创新意识 （10分）	创新思维和行动	10				
合计			100				
评价人：			时间：				

项目复盘

1. 总结归纳

本项目主要介绍了数据库的索引、分区与视图的相关概念、原理、类型和使用方法。其中，索引能够提升数据查询效率。

2. 存在问题/解决方案/项目优化

反思在本项目学习过程中自身存在的问题并填写表5-21的内容。

表 5-21　项目优化表

序　　号	存在问题	优化方案	是否完成	完成时间
1				
2				

恭喜你，完成项目评价和复盘。通过MySQL数据库安装与配置项目，掌握了MySQL的安装与配置的基本流程。要熟练掌握该项目，这将为后面项目的完成奠定基础。

项目实训

（1）使用"create table"语句复制一张学生表和数据，名为"学生表_索引"。

（2）对字段名"学号"，添加一个唯一索引。

（3）对字段名"备注"，添加一个全文索引。

（4）对字段名"姓名"，添加一个普通索引。

（5）删除"学生表_索引"中的普通索引。

（6）查看设置的索引信息。

（7）为什么要进行数据库分区？

（8）将"emp"表语句进行修改，使语句不再报错。

```
MySQL> create table emp(
-> id int not null,
-> firstname varchar(50),
-> lastname varchar(50),
-> hired date not null default '1970-01-01',
-> separated date not null default '9999-12-31',
-> job_code int not null,
-> part_id int not null,
-> primary key(id)
-> )
-> partition by range (part_id)(
-> partition part0 values less than (8),
-> partition part1 values less than (16),
-> partition part2 values less than (24)
-> );
ERROR 1503 (HY000): A PRIMARY KEY must include all columns in the table's
partitioning function
```

（9）在物理存储位置中找到第8题创建的分区文件。

（10）向表中插入一行数据，并查找其在哪个分区中。

（11）创建一个包含学号、姓名、所在系、平均成绩的视图。

（12）查看第8题创建的视图的具体数据。

（13）对第8题的视图进行修改，要求显示所有学生的信息，包含没有选课的学生数据。

（14）删除该视图。

面试题

（1）什么情况下设置了索引但无法使用？

① 以 "%" 开头的 "LIKE" 语句，模糊匹配。

② "OR" 语句前后没有同时使用索引。

③ 数据类型出现隐式转化（如 "varchar" 不加单引号的话可能会自动转换为 "int" 型数据）。

（2）为什么要分表和分区？

在日常开发中，我们经常会遇到大表的情况，所谓的大表是指存储了百万级乃至千万级条记录的表。这样的表过于庞大，导致数据库在查询和插入的时候耗时太长，性能低下，如果涉及联合查询的情况，性能会更加糟糕。分表和表分区的目的就是减少数据库的负担，提高数据库的效率，通常点来讲就是提高表的增加、删除、修改、查找效率。

（3）什么是分表？

分表是将一张大表按照一定的规则分解成多张具有独立存储空间的实体表，我们可以称为子表，每个表都对应三个文件，"MYD" 数据文件、".MYI" 索引文件、".frm" 表结构文件。这些子表可以分布在同一块磁盘上，也可以分布在不同的机器上。App读写的时候根据事先定义好的规则得到对应的子表名，然后去操作它。

（4）什么是分区？

分区和分表相似，都是按照规则分解表。不同在于分表将大表分解为若干个独立的实体表，而分区是将数据分段划分在多个位置上存放，可以在同一块磁盘上，也可以在不同的机器上。分区后，表面上还是一张表，但数据散落到多个位置了。App读写的时候操作的还是大表名字，db自动去组织分区的数据。

项目六　存储过程和触发器

学习目标

知识目标：掌握调用、查看、修改和删除存储过程。

能力目标：掌握创建和使用存储过程。

素养目标：牢记化繁为简的道理，让学习更加高效。

思维导图

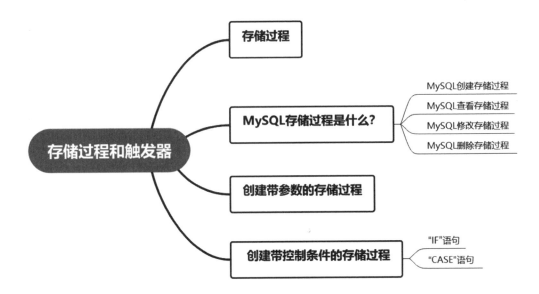

项目导言

通过前几个项目的学习，大家对数据库的概念、基本操作及SQL语句的使用有了一定的了解。在实际开发过程中，经常会为了完成某一特定的功能而编写一组SQL语句。为了确保SQL语句所做操作的完整性和可重用性，MySQL引入了存储过程，接下来我们一起来学习。

思政课堂

我国有个成语叫"化繁为简"，意思为越复杂的事情越可以用简单的方法去化解，往往会得到意想不到的效果。有时候我们敲代码可能需要一大串的SQL语句，或者说在编写SQL语句的过程中需要设置一些变量的值，而使用一大串SQL语句或编写变量的值往往比较复杂，这时候我们就可以运用化繁为简的办法——编写一个存储过程，从而更高效地完成相应的步骤。在以后的学习过程中我们也应该牢记化繁为简的道理，让学习更加高效。

任务一　创建存储过程

任务描述

思政小课堂

英国文艺复兴时期的散文家、哲学家弗朗西斯·培根曾说过：一个聪明人所创造的机会比他所发现的机会更多。意思为对于一个聪明的人来说，比起发现机会，他更擅于创造机会。在数据库的实际操作中，经常会有需要编写多条SQL语句处理多个表才能完成的操作，也经常会需要重复使用某一特定功能。当系统提供的函数不足以满足我们的需求时，我们可能需要一大串的SQL语句，或在编写SQL语句的过程中设置一些变量的值。例如，为了确认学生能否毕业，需要同时查询"学生信息表"、"成绩表"和"综合表"，此时就需要使用多条SQL语句来针对这几个数据表进行处理。在查询多个学生的情况时，需要重复进行这个查询，这时我们就有必要自己创建一个存储过程。在日常生活中，我们也应该主动出击、创造机会，而不是等待机会。

请创建名称为"p1"的存储过程，查询所有图书的基本信息。创建名称为"p2"的存储过程，输入参数是书名，其作用是根据输入的书名从图书信息表中查询该图书的相关信息。

知识储备

存储过程

MySQL的存储过程是什么？

存储过程是一条或多条为了完成特定功能的SQL语句集合。经创建编译并保存在数据库中之后，用户可通过指定存储过程的名字并给定参数（需要时）来调用并执行存储过程。

在数据库中进行一些重复且复杂的操作时，可以通过存储过程将这些复杂的操作封装成一个代码块，以便重复使用。当需要在不同的应用程序或平台上执行相同的特定功能时，只需调用"CALL存储过程名字"即可自动完成。就像在Java中，我们将需要重复执行的代码封装在一个方法里，在需要的时候调用这个方法即可。

存储过程封装了SQL语句，调用者不需要考虑逻辑功能的具体实现过程，只是简单调用即可，它可以被Java和C#等编程语言调用。编写存储过程的要求稍微高一些，但这并不影响存储过程的普遍使用，因为存储过程有如下优点。

（1）代码的封装性。

存储过程可以把复杂的SQL语句包含到一个独立的单元中，在使用时只需要简单调用即可。存储过程还可以随时修改，不会影响到调用它的应用程序源代码。

（2）编程的灵活性。

存储过程可以用流程控制语句编写，有很强的灵活性，可以完成复杂的判断和运算。

（3）减少网络流量。

存储过程是在服务器端运行的，且执行速度快，因此当用户调用该存储过程时，网络中传送的只是调用语句，从而降低网络负载。

（4）提高数据库性能。

当存储过程被成功编译后就存储在数据库服务器里了，客户端可以直接调用，所有的SQL语句也从服务器开始执行，从而提高数据库性能。

（5）数据的安全性、完整性。

外部程序只是调用存储过程，无法直接操作数据库表，只能在存储过程里操作对应的表，因此在一定程度上，数据的安全性是可以得到提高的。

（6）数据的独立性。

程序可以通过调用存储过程来替代执行多条SQL语句，这样可以达到解耦的效果。存储过程可以把数据和用户隔离开来，当数据表的结构改变时，调用表不需要修改代码，只需要重新编写存储过程即可。

任务实施

1. 任务实施流程

任务实施流程如表6-1所示。

表 6-1　任务实施流程

序号	实施流程	功能描述/具体步骤
1	创建名称为"p1"的存储过程，查询所有图书的基本信息	1. 创建数据库"create database library;" 2. 创建"book"表，以及表的结构 3. 向"book"表中插入多条记录 4. 创建存储过程
2	创建名称为"p2"的存储过程，输入参数是书名，其作用是根据输入的书名从图书信息表中查询该图书的相关信息	创建存储过程"p2"

2. 任务分组

确定分工，营造小组凝聚力和工作氛围，培养学生的团队合作、互帮互助精神，填写表6-2的内容。

表 6-2　任务分组

组　名			
组　别			
团队成员	学　号	角色职位	职　责

恭喜你，已明确任务实施流程、完成任务分组，接下来进入任务实施。

3. 任务实施

（1）在MySQL中创建存储过程（CREATE PROCEDURE）。

使用存储过程可以简化操作，减少操作过程中的失误，提高效率，因此应该尽可能地学会使用存储过程。

下面主要介绍如何创建存储过程。

可以使用"CREATE PROCEDURE"语句创建存储过程，语法格式如下：

```
CREATE PROCEDURE <过程名> ( [过程参数[,…] ] ) <过程体>
 [过程参数[,…] ] 格式：
[ IN    |OUT    |INOUT ] <参数名> <类型>
```

语法说明：

"CREATE PROCEDURE"是创建存储过程的关键字。

● 过程名：存储过程的名称。默认在当前数据库中创建存储过程，若需要在特定数据库中创建存储过程，需要在名称前面加上数据库的名称，即"db_name.sp_name"。

需要注意的是，存储过程的名称应当尽量避免与MySQL内置函数同名，否则会发生错误。

● 过程参数：在存储过程的参数列表中，"<参数名>"为参数的名称，"<类型>"为参数的数据类型。MySQL存储过程支持三种类型的参数，"IN"表示调用程序必须将参数传递给存储过程，"OUT"表示输出参数，"INOUT"表示输入/输出参数。其中，输入参数可以传递给一个存储过程，输出参数用于存储过程返回操作结果，而输入/输出参数既可以是输入，也可以是输出。

参数可以有1个，也可以有多个，当有多个参数时，参数之间用逗号分隔。存储过程也可以没有参数，但后面仍需加上一对括号。

需要注意的是，参数名不要与数据表的列名相同，存储过程的SQL语句会误将参数名当作列名，从而引发不可预知的结果。

● 过程体：存储过程体即存储过程的主体部分，以关键字"BEGIN"开始，中间包含在过程被调用的时候必须执行的SQL语句，以关键字"END"结束。如果在存储过程体中只有一条SQL语句，则可以省略"BEGIN"和"END"标志。

（2）任务实施步骤。

① 创建数据库"create database library;"。

由于课前已经创建好了数据库，我们可以直接调用"use library;"并通过"show database library;"来查看数据库。

② 创建"book"表，完善表的结构。

```
create table book(
        book_id INT,
        book_name VARCHAR(50),
        book_author VARCHAR(50),
        book_price DECIMAL(6,1),
        Press CHAR(50),
        ISBN CHAR(17),
        book_copy INT,
        book_inventory INT
);
```

③ 向"book"表中插入多条记录。

```
insert into book values
    (101101,'HTML5秘籍','(美) Mattew MacDonald',89.0,'人民邮电出版社','978-7-
115-32050-6',50,20),
    (101102,'PHP网站开发技术','唐俊',42.0,'人民邮电出版社','978-7-115-
34805-0',40,10),
    (101103,'计算机网络与通信技术探索','周瑞琼',89.0,'中国水利水电出版社','978-7-
5170-2483-5',30,25),
```

④ 接下来创建存储过程。

```
MySQL> DELIMITER #
MySQL> CREATE PROCEDURE p1()
-> BEGIN
-> select * from book;
-> END #
-> DELIMITER;
```

结果显示"p1"存储过程已经创建成功。

⑤ 创建存储过程"p2"，输入的SQL语句和执行过程如下所示：

```
MySQL> DELIMITER //
MySQL> CREATE PROCEDURE p2
-> (IN name VARCHAR(30))
-> BEGIN
-> select book_name from book
-> where book_name=name;
-> END //
```

代码分析

① 以"DELIMITER#"开头，以"DELIMITER;"结束。
② 创建一个存储过程，名称为"p1"。
③ "BEGIN"和"END"之间主要是SQL语句。
④ 创建完成之后，使用"CALL"语句来调用存储过程，数据库会执行存储过程中的SQL语句。
⑤ 查看存储过程。

```
SHOW PROCEDURE STATUS LIKE 'p1';
SHOW CREATE PROCEDURE p1;
```

拓展阅读

任务中为什么要使用"DELIMITER #""END #"呢？"DELIMITER"的作用是什么呢？

MySQL默认以分号作为语句结束标志。然而，在创建存储过程时，存储过程体可能包含有多条SQL语句，那么服务器在处理时会以遇到的第一条SQL语句结尾处的分号作为整个程序的结束符，而不再去处理存储过程体中后面的SQL语句了。

为了避免与存储过程中的SQL语句结束符冲突，这里我们使用"DELIMITER #"将MySQL的结束符设置为"#"。"DELIMITER"命令的作用就是将结束符修改为其他字符。通常使用的语法格式如下：

```
DELIMITER $$
```

语法说明如下：

● "$$"是用户定义的结束符，通常这个符号可以是一些特殊的符号，如两个"?"或两个"￥"等。
● 在使用"DELIMITER"命令时，应该避免使用反斜杠"\"字符，因为它是MySQL的转义字符。

若要恢复默认结束符，则在MySQL客户端命令行输入下列语句即可：

```
MySQL > DELIMITER ;
```

注意："DELIMITER"与结束符之间有一个空格，否则无效。存储过程定义完后使用"DELIMITER;"恢复默认结束符。

任务二　查看存储过程

任务描述

创建好存储过程后，用户可以使用"SHOW SATATUS"语句或"SHOW CREATE"语句来查看存储过程的状态和定义。本任务主要讲解查看存储过程的状态和定义的方法。

知识储备

在 MySQL 中查看存储过程

（1）使用"SHOW STATUS"语句查看存储过程的状态。

通过"SHOW STATUS"语句可以查看存储过程的状态，其基本语法格式如下：

```
SHOW PROCEDURE STATUS LIKE 存储过程名;
```

"LIKE 存储过程名"用来匹配存储过程的名称，"LIKE"不能省略。

（2）查看存储过程的定义。

在MySQL中可以通过"SHOW CREATE"语句查看存储过程的定义，语法格式如下：

```
SHOW CREATE PROCEDURE 存储过程名;
```

任务实施

1. 任务实施流程

任务实施流程如表6-3所示。

表 6-3　任务实施流程

序　　号	实施流程	功能描述/具体步骤
1	查看存储过程"p1"的状态	使用"SHOW SATATUS"语句
2	查看存储过程"p1"的定义	使用"SHOW CREATE"语句

2. 任务分组

确定分工，营造小组凝聚力和工作氛围，培养学生的团队合作、互帮互助精神，填写表6-4的内容。

表6-4 任务分组

组　　名			
组　　别			
团队成员	学号	角色职位	职责

恭喜你，已明确任务实施流程、完成任务设计，接下来进入任务实施。

3. 任务实施

（1）使用"SHOW SATATUS"语句查询名为"p1"的存储过程的状态。

```
MySQL> SHOW PROCEDURE STATUS LIKE 'p1' \G
*************************** 1. row ***************************
Db: test
Name: p1
Type: PROCEDURE
Definer: root@localhost
Modified: 2022-01-20 13:34:50
Created: 2022-01-20 13:34:50
Security_type: DEFINER
Comment:
character_set_client: utf-8
collation_connection: utf-8_general_ci
Database Collation: utf-8_general_ci
```

查询结果显示了存储过程的创建时间、修改时间和字符集等信息。

（2）使用"SHOW CREATE"语句查询名为"p1"的存储过程的定义。

```
MySQL> SHOW CREATE PROCEDURE p1 \G
*************************** 1. row ***************************
Procedure: showstuscore
sql_mode: STRICT_TRANS_TABLES,NO_AUTO_CREATE_USER,NO_ENGINE_SUBSTITUTION
create procedure: CREATE DEFINER=root@localhost PROCEDURE p1()
BEGIN
select * from book;
END
```

```
character_set_client: utf-8
collation_connection: utf-8_general_ci
Database Collation: utf-8_general_ci
```

查询结果显示了存储过程的定义和字符集信息等。

"SHOW STATUS"语句只能查看在存储过程中操作的那一个数据库、存储过程的名称、类型、谁定义的、创建时间、修改时间、字符编码等信息，不能查询存储过程的集体定义，如果需要查看详细定义，则要使用"SHOW CREATE"语句。

任务三　修改存储过程

任务描述

创建好存储过程后，可以使用"ALTER PROCEDURE"语句修改存储过程"p1"的定义，将读写权限改为"MODIFIES SQL DATA"，并指明调用者可以执行。

知识储备

在 MySQL 中修改存储过程（ALTER PROCEDURE）

在实际的开发过程中，因为业务需求调整而修改存储过程是不可避免的。在MySQL中可以通过"ALTER PROCEDURE"语句来修改存储过程，其语法格式如下：

```
ALTER PROCEDURE 存储过程名 [ 特征 ... ]
```

其中的"特征"指定了存储过程的特性，可能的取值有：

- "CONTAINS SQL"表示子程序包含的SQL语句，但不包含读数据或写数据的语句。
- "NO SQL"表示子程序中不包含SQL语句。
- "READS SQL DATA"表示子程序中包含读数据的语句。
- "MODIFIES SQL DATA"表示子程序中包含写数据的语句。
- "SQL SECURITY { DEFINER |INVOKER }"指明谁有权限来执行。
- "DEFINER"表示只有定义者自己才能够执行。
- "INVOKER"表示调用者可以执行。
- "COMMENT 'string'"表示注释信息。

任务实施

```
MySQL> ALTER PROCEDURE p1
MODIFIES SQL DATA
SQL SECURITY INVOKER;
```

执行代码，并查看修改后的信息，运行结果如下：

```
MySQL> SHOW CREATE PROCEDURE p1 \G
*************************** 1. row ***************************
Procedure: p1
sql_mode: STRICT_TRANS_TABLES,NO_AUTO_CREATE_USER,NO_ENGINE_SUBSTITUTION
CREATE PROCEDURE: CREATE DEFINER=root@localhost
PROCEDURE p1()
MODIFIES SQL DATA
SQL SECURITY INVOKER
BEGIN
select SPECIFIC_NAME,SQL_DATA_ACCESS,SECURITY_TYPE
from information_schema.Routines
where ROUTINE_NAME='p1' AND ROUTINE_TYPE='PROCEDURE';
END
character_set_client: utf-8
collation_connection: utf-8_general_ci
Database Collation: utf-8_general_ci
+---------------+------------------+---------------+
|SPECIFIC_NAME  |SQL_DATA_ACCESS   |SECURITY_TYPE  |
+---------------+------------------+---------------+
|    p1         |MODIFIES SQL DATA | INVOKER       |
+---------------+------------------+---------------+
```

结果显示，存储过程修改成功。从运行结果可以看到，访问数据的权限已经变成了"MODIFIES SQL DATA"，安全类型也变成了"INVOKE"。

需要注意的是："ALTER PROCEDURE"语句用于修改存储过程的某些特征，但是不能对已存在的存储过程的代码进行修改。如果要修改存储过程的内容，则需要先删除原存储过程，再以相同的名称重新创建存储过程；如果要修改存储过程的名称，则需要先删除原存储过程，再以不同的名称创建新的存储过程。

任务四　删除存储过程

任务描述

创建好存储过程后，可以使用"DROP PROCEDURE"语句删除存储过程"p2"。

知识储备

在 MySQL 中删除存储过程（DROP PROCEDURE）

当数据库中存在废弃的存储过程时，我们需要将它删除。在 MySQL 中使用 "DROP PROCEDURE" 语句来删除存储过程，其语法格式如下：

```
DROP PROCEDURE [ IF EXISTS ] <过程名>
```

语法说明如下：

● 过程名：要删除的存储过程的名称。

● IF EXISTS：该关键字用于防止因删除不存在的存储过程而引发的错误，可以通过 "SHOW WARNINGS" 来查询警告信息。

需要注意的是： 存储过程名称后面既没有参数列表，也没有括号，在删除存储过程之前，必须确认该存储过程与其他存储过程没有关联，否则会导致与之相关联的存储过程无法运行。

任务实施

```
MySQL> DROP PROCEDURE p2;
```

存储过程被删除后，可以通过查询 "information_schema" 数据库下的 "routines" 表来确认是否成功删除。SQL 语句和运行结果如下：

```
MySQL> select * from information_schema.routines where routine_name='p2';
Empty set (0.03 sec)
```

结果显示，没有查询出任何记录，说明存储过程 "p2" 已经被删除了。

任务五　创建带参数的存储过程

任务描述

创建带输入参数、输出参数的存储过程。

知识储备

创建带参数的存储过程

创建带参数的存储过程首先要在存储过程中声明该参数，每个存储过程参数都必须用唯一的名称进行定义。与标准的 "Transact-SQL" 变量相同，参数名必须以 "@" 为前缀，并且遵从对象标识符规则。当用户不提供该参数的值时可以使用一个默认值来代替。

在执行带参数的存储过程时，既可以通过显式指定参数名称并赋予适当的值，也可以通过"CREATE PROCEDURE"语句中给定的参数值（不指定参数名称）来向存储过程传递值。

存储过程主要有3种参数类型：

（1）"IN"输入参数：表示调用者需要向存储过程传入值（传入值可以是常量或变量）。

（2）"OUT"输出参数：表示存储过程向调用者传出值（可以传出多个值，此时该参数只能是变量）。

（3）"INOUT"输入/输出参数：表示不但调用者需要向存储过程传入值，而且存储过程向调用者传出值（此时该参数只能是变量）。

存储过程可以有0个或多个参数，用于存储过程的定义。

任务实施

1. 任务实施流程

任务实施流程如表6-5所示。

表 6-5　任务实施流程

序　号	实施流程	功能描述/具体步骤
1	创建带输入参数的存储过程	语法格式为： CREATE PROCEDURE 存储过程名（[In]<参数名> <参数类型>） <过程体>
2	创建带输出参数的存储过程	语法格式为： CREATE PROCEDURE 存储过程名（[Out]<参数名> <参数类型>） <过程体>

2. 任务分组

确定分工，营造小组凝聚力和工作氛围，培养学生的团队合作、互帮互助精神，填写表6-6的内容。

表 6-6　任务分组

组　　名			
组　　别			
团队成员	学号	角色职位	职责

恭喜你，已明确任务实施流程、完成任务设计，接下来进入任务实施。

3. 任务实施

（1）创建带输入参数的存储过程。

```
DELIMITER $
CREATE PROCEDURE p_in (in pid CHAR(6))
COMMENT '查询某个ID对应的书名'
BEGIN
select book_name
from book
where book_id=pid;
END $
DELIMITER ;
MySQL> CALL p_in('101101');
+---------------+
|   book_name   |
+---------------+
|   HTML5秘籍   |
+---------------+
```

代码分析

● 创建带输入参数的存储过程，查询某个 "ID" 对应的书名。

● 存储过程名为 "p_in"，括号里的 "in" 表示带有输入参数，参数名为 "pid"，设定参数的数据类型为字符串型，长度为6位。

● "COMMENT" 后面是注释。

● 在 "BEGIN" 和 "END" 之间是查询部分的内容。

● "where book_id=pid;" 表示图书 "ID" 等于输入参数的数值。

用 "CALL" 语句来调用存储过程时，参数名后的括号内一定要给出输入参数值，比如 "101101"。

（2）创建带输出参数的存储过程。

```
DELIMITER $
CREATE PROCEDURE p_out
 (out para_min float, out para_max float, out para_avg float)  COMMENT "查
询图书的最高价格、最低价格和平均价格"
 BEGIN
 select min(book_price),
 max(book_price),avg(book_price)
 INTO para_min,para_max,para_avg
```

```
from book;
END $
DELIMITER ;
```

代码分析

● 创建一个带输出参数的存储过程，查询图书的最高价格、最低价格和平均价格。

● 输出参数有3个，分别是"out para_min float""out para_max float""out para_avg float"，均为"float"类型。

● 在"BEGIN"和"END"之间是查询部分的内容。

● 将查询的最低图书价格放入自定义变量"para_min"中，将最高图书价格放入"para_max"中，将平均价格放入"para_avg"中。

● 在调用时一定要加上"@"符号，加上定义的参数名称：

```
CALL p_out(@para_min,@para_max,@para_avg);
```

● 接下来，用"select"加上"@"符号和定义的参数名称：

```
select @para_min,@para_max,@para_avg;
```

● 查看运行结果：

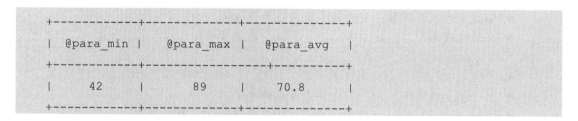

```
+-----------+-----------+-----------+
| @para_min | @para_max | @para_avg |
+-----------+-----------+-----------+
|    42     |    89     |   70.8    |
+-----------+-----------+-----------+
```

任务六　创建带控制条件的存储过程

任务描述

用"IF"分支条件来创建存储过程，比较两位读者的年龄。

用"CASE"分支条件来创建存储过程，判断书的价格。

用"WHILE"分支条件来创建存储过程，计算100以内的所有整数之和。

知识储备

创建带控制条件的存储过程

（1）"IF"语句。

在MySQL中，可以用"IF"语句进行条件判断，根据是否满足条件（可包含多个条件），来执行不同的语句。"IF"语句是流程控制中较常用的判断语句，其语法的基本格式如下：

```
IF condition THEN statement_list
[ELSEIF condition THEN statement_list]...
[ELSE statement_list]
END IF
```

其中，"condition"表示条件判断语句，如果返回值为"true"，则执行"statement_list"语句列表，"statement_list"可以包括一个或多个语句；如果返回值为"false"，则执行"ELSE"子句的语句列表。

注意：MySQL中的"IF"函数不同于这里的"IF"语句。

（2）"CASE"语句。

"CASE"语句可以实现比"IF"语句更复杂的条件判断，它提供了多个条件进行选择。"CASE"语句的基本格式如下：

```
CASE case_value
WHEN when_value THEN statement_list
[WHEN when_value THEN statement_list]...
[ELSE statement_list]
END CASE
```

语法说明：

● "case_value"表示需要进行条件判断的变量，其值决定了哪一个"WHEN"子句会被执行。

● "when_value"表示变量的取值，如果某个"when_value"表达式与"case_value"变量的值相同，则执行对应的"THEN"关键字后的"statement_list"中的语句。

● "ELSE"关键字后面的"statement_list"表示所有"when_value"值没有与"case_value"相同的值时执行的语句。

● "CASE"语句使用"END CASE"结束。

（3）"WHILE"语句。

"WHILE"语句是一种条件控制循环语句。"WHILE"语句和"REPEAT"语句不同的是，当满足条件时执行循环体内的语句，否则退出循环。"WHILE"语句的基本格式如下：

```
[begin_label:] WHILE search_condition DO
statement list
END WHILE [end label]
```

其中，"search_condition"表示循环执行的条件，满足条件时循环执行；"statement_list"表示循环执行的语句。"WHILE"循环需要使用"END WHILE"来结束。

任务实施

1. 任务实施流程

任务实施流程如表6-7所示。

表 6-7　任务实施流程

序　　号	实施流程	功能描述/具体步骤
1	创建一个存储过程，比较两位读者的年龄	使用"IF"语句
2	创建一个存储过程，判断书的价格	使用"CASE"语句

2. 任务分组

确定分工，营造小组凝聚力和工作氛围，培养学生的团队合作、互帮互助精神，填写表6-8的内容。

表 6-8　任务分组

组　　名			
组　　别			
团队成员	学　　号	角色职位	职　　责

恭喜你，已明确任务实施流程、完成任务设计，接下来进入任务实施。

3. 任务实施

① 使用"IF"分支条件来创建存储过程，比较两位读者的年龄。

```
DELIMITER $
CREATE PROCEDURE compare_age
 (OUT age1 INT,OUT age2 INT,IN name1 VARCHAR(50),IN name2 VARCHAR(50),OUT
result CHAR(20))
```

```
  BEGIN
  select year(curdate())-year(reader_birthday) INTO age1
  from reader where reader_name=name1;
  select year(curdate())-year(reader_birthday) INTO age2
  from reader where reader_name=name2;
  IF age1>age2 THEN
      SET result=CONCAT(name1,'的年龄大于',name2);
  ELSEIF age1=age2 THEN
      SET result=CONCAT(name1,'与',name2,'同岁');
   ELSE
      SET result=CONCAT(name1,'的年龄小于',name2);
  END IF;
END $
DELIMITER ;
```

代码分析

　　存储过程的名称是"compare_age"。存储过程的参数有5个："age1""age2"为输出参数，数据类型为"INT"；"name1""name2"为输入参数，数据类型为"VARCHAR(50)"；"result"是输出参数，数据类型为"CHAR(20)"。

在存储过程体内，主要完成以下几个步骤：

● 查询"name1"的年龄，即将为当前日期的年份减去读者出生日期的年份，并赋值给"age1"。

● 用同样的方式查询"name2"的年龄，并赋值给"age2"。

● 比较"age1"和"age2"的大小，将最后的结果保存至"result"中。

情况一：如果"age1" > "age2"，输出"name1的年龄大于name2"；

情况二：如果"age1" = "age2"，输出"name1与name2"同岁；

情况三：如果"age1" < "age2"，输出"name1的年龄小于name2"。

● 创建好存储过程后，通过"CALL"关键字来调用该存储过程，其中"@age1""@age2""@result"分别用来接收三个参数的值，"王杰""刘刚"是输入参数，最后查询"@age1""@age2""@result"的结果。

```
MySQL> CALL compare_age(@age1,@age2,'王杰','刘刚',@result);
select @age1,@age2,@result;
+-----------+---------------+-----------------+
|   @age1   |     @age1     |     @result     |
+-----------+---------------+-----------------+
```

| 18 | 20 | 王杰的年龄小于刘刚 |

② 使用"CASE"分支条件来创建存储过程，判断书的价格。

```
DELIMITER $
CREATE PROCEDURE p_price
( IN b_name VARCHAR(50),OUT price FLOAT,OUT result VARCHAR(10))
  Begin
select book_price INTO price
from book
where book_name=b_name;
 CASE
   WHEN price>50 THEN SET result="价格昂贵";
   WHEN price<=50 THEN SET result="价格便宜";
   WHEN price is null THEN SET result="无此书籍";
   ELSE SET result="价格中等";
 END CASE;
END $
DELIMITER ;
```

代码分析

在存储过程中定义了3个参数，其中："b_name"为输入参数，数据类型为"VARCHAR(50)"；"price"为浮点型的输出参数；"result"是输出参数，数据类型为"CHAR(10)"。

在存储过程体内，主要完成以下几个步骤：

● 根据"b_name"查询图书的价格，并赋值给输出参数"price"。

● 判断"price"的取值范围，我们使用"CASE"来判断，共有以下4种情况。

情况一："price">50，将参数"result"赋值为"价格昂贵"；

情况二："price"≤50，将参数"result"赋值为"价格便宜"；

情况三："price"为空值，将参数"result"赋值为"无此书籍"；

情况四：否则将参数"result"赋值为"价格中等"。

创建好存储过程后，通过"CALL"关键字来调用该存储过程。调用时传入的参数"b_name"的值是"PHP网站开发技术"，用"@price""@b"这两个变量来接收两个输出参数的值。最后查询"@price""@b"的值，可以看到存储过程的最终结果：

```
MySQL> CALL p_price('PHP网站开发技术',@price,@b);
```

```
select @price,@b;
+---------------+-------------------+
|    @price     |        @b         |
+---------------+-------------------+
|     42        |     价格便宜       |
+---------------+-------------------+
```

任务七　创建触发器

任务描述

创建"INSERT"类型的触发器：每次向"book"表中插入一条记录后，自动向"log"表中插入一条记录。

创建"BEFORE"类型的触发器：在"library"数据库中，"book"为图书信息表。

思政课堂

在东京奥运会百米决赛的跑道上，中国短跑名将苏炳添收获了"一辈子最好的回忆"，成为第一位闯入奥运会百米决赛的亚洲选手。中国人第一次挺进奥运会男子百米决赛！苏炳添，一举创造了历史！他的不懈坚持、突破自我、挑战极限，正是中国人对体育精神的最佳诠释。

知识储备

MySQL 触发器

对于一把枪，扣下扳机就会发射子弹。扳机的英文是"trigger"，触发器的原理就来自这里。在MySQL中，当插入、删除或更新数据表时会触发另一个事件。

（1）MySQL的触发器到底是什么？

MySQL的触发器和存储过程一样，都是嵌入到MySQL中的一段程序，是管理数据的有力工具。不同的是，触发器的执行不需要使用"CALL"语句来调用，也不需要手工启动，而是通过"INSERT""DELETE""UPDATE"等事件来触发某些特定的操作。例如，当对"book"表进行"INSERT""DELETE""UPDATE"操作，满足触发器的触发条件时，就会自动触发，激活它执行指定的操作。在MySQL中，只有执行"INSERT""UPDATE""DELETE"操作时才能激活触发器，其他操作不会激活触发器。

由此可见，触发器与数据表的关系十分密切，主要用于保护数据表中的数据。特别是当有多个表具有一定联系时，触发器能够让这些表保持数据的一致性。

触发事件的操作和触发器里的SQL语句是一个事务操作，具有原子性，要么全部执行，要么都不执行。就像银行转账一样，一个操作是本人的金额减少，另一个操作是对方的金额增加，这个减少和增加要么全部完成，要么一个都不完成，从而保证资金的安全性。同样的道理，触发器也要满足这样的原子性，保证数据的一致性，起到约束的作用。

但是使用触发器实现的业务逻辑在出现问题时有时很难进行定位，特别是在涉及多个触发器的情况下，会使后期维护变得困难。大量使用触发器容易导致代码结构被打乱，增加程序的复杂度，如果变动的数据量较大，则触发器的执行效率也会比较低。

触发器术语如表6-9所示。

表 6-9　触发器术语

英　　文	中　　文	英　　文	中　　文
CREATE	创建	INSERT	插入
TRIGGER	触发器	UPDATE	输出
DROP	删除	DELETE	删除
BEFORE	在……之前	AFTER	在……之后

在实际使用中，MySQL所支持的触发器有三种："INSERT"触发器、"UPDATE"触发器和"DELET"触发器。

① "INSERT"触发器。

在"INSERT"语句执行之前或之后响应的触发器。使用"INSERT"触发器需要注意以下几点：

● 在"INSERT"触发器代码内，可引用一个名为"NEW"（不区分大小写）的虚拟表来访问被插入的行。

● 在"BEFORE INSERT"触发器中，"NEW"中的值也可以被更新，即允许更改被插入的值（只要具有对应的操作权限）。

● 对于"AUTO_INCREMENT"列，"NEW"在"INSERT"执行之前包含的值是"0"，在"INSERT"执行之后将包含新的自动生成值。

② "UPDATE"触发器。

在"UPDATE"语句执行之前或之后响应的触发器。使用"UPDATE"触发器需要注意以下几点：

● 在"UPDATE"触发器代码内，可引用一个名为"NEW"的虚拟表来访问更新的值。

● 在"UPDATE"触发器代码内，可引用一个名为"OLD"（不区分大小写）的虚拟表来访问"UPDATE"语句执行前的值。

● 在"BEFORE UPDATE"触发器中，"NEW"中的值也可以被更新，即允许更改将要用于"UPDATE"语句中的值（只要具有对应的操作权限）。

● "OLD"中的值全部是只读的，不能被更新。

　　注意：当触发器设计对触发表自身进行更新操作时，只能使用"BEFORE"类型的触发器，"AFTER"类型的触发器将不被允许。

　　③"DELETE"触发器。

　　在"DELETE"语句执行之前或之后响应的触发器。使用"DELETE"触发器需要注意以下几点：

- 在"DELETE"触发器代码内，可以引用一个名为"OLD"的虚拟表来访问被删除的行。
- "OLD"中的值全部是只读的，不能被更新。

　　总体来说，在触发器使用过程中，MySQL会按照以下方式来处理错误。

　　对于事务性表，如果触发程序失败，以及由此导致的整个语句失败，那么该语句所执行的所有更改将回滚；对于非事务性表，则不能执行此类回滚，即使语句失败，失败之前所做的任何更改依然有效。

　　若"BEFORE"触发程序失败，则MySQL将不执行相应行上的操作。

　　若在"BEFORE"或"AFTER"触发程序的执行过程中出现错误，则将导致调用触发程序的整个语句失败。

　　仅当"BEFORE"触发程序和行操作均已被成功执行时，MySQL才会执行"AFTER"触发程序。

　　（2）触发器的工作原理。

　　触发器的工作原理如图6-1所示。

　　触发器主要依赖MySQL数据库系统中提供的两张临时表：一张是"NEW"表，另一张是"OLD"表。这两张表，主要用来引用触发器中发生变化的记录内容。

　　在"INSERT"类型的触发器中，用"NEW"表来临时存储插入的新数据。

　　在"DELETE"类型的触发器中，用"OLD"表来临时存放被删除的原数据。

　　在"UPDATE"类型的触发器中，"NEW"表和"OLD"表这两个表都会被用到。其中，用"OLD"表来保存修改之前的原始数据，用"NEW"表来保存修改后的新数据。

　　正是由于有了"NEW"表和"OLD"表，我们的数据库操作人员才可以在新增数据或删除数据的同时，对这些数据进行其他的操作。

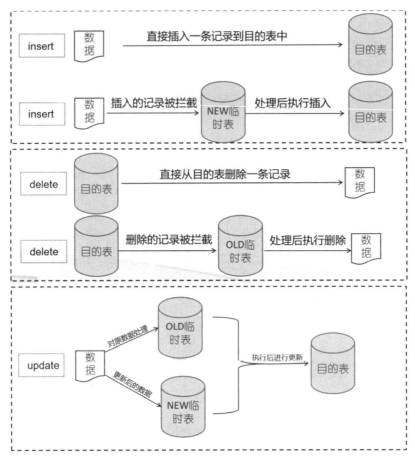

图 6-1　触发器的工作原理

（3）在MySQL中创建触发器（CREATE TRIGGER）。

使用"CREATE TRIGGER"语句创建触发器。

语法格式如下：

```
CREATE TRIGGER trigger_name trigger_time trigger_event
ON table_name FOR EACH ROW [trigger_order] trigger_body
```

语法说明：

● trigger_name：触发器名，即触发器的名称，触发器在当前数据库中必须有唯一的名称。如果要在某个特定数据库中创建，则名称前面应该加上该数据库的名称。

● trigger_event：触发事件，用于指定激活触发器的语句的种类。

注意，三种触发器的激活条件如下。

"INSERT"触发器：将新行插入表时激活触发器。例如，"INSERT"的"BEFORE"触发器不仅能被MySQL的"INSERT"语句激活，也能被"LOAD DATA"语句激活。

"DELETE"触发器：在从表中删除某一行数据时激活触发器。例如，"DELETE"和

"REPLACE"语句。

"UPDATE"触发器：在更改表中的某一行数据时激活触发器。

● trigger_time："BEFORE"和"AFTER"，触发器被触发的时间，指定触发器是在激活它的语句之前还是之后触发。例如，如果希望先验证新数据是否满足条件，则使用"BEFORE"；"AFTER"可用于在激活触发器的语句执行之后完成一个或更多的改变。

● table_name：与触发器相关联的表名，此表必须是永久性表，不能是临时表或视图。同一个表不能拥有两个具有相同触发时间和事件的触发器。

● trigger_body：触发器动作主体，包含触发器激活时要执行的具体MySQL语句。如果要执行多个语句，则可使用"BEGIN...END"复合语句结构。

● FOR EACH ROW：表示在表中任何一条记录上的操作满足触发条件都会触发该触发器。例如，在使用"INSERT"语句向某个表中插入多行数据时，触发器会对每一行数据的插入都执行相应的触发器动作。

需要注意的是：每个表都支持"INSERT""UPDATE""DELETE"的"BEFORE"与"AFTER"触发器，因此每个表最多支持6个触发器。每个表的每个事件每次只允许有一个触发器。单一触发器不能与多个事件或多个表关联。

另外，在MySQL中，若需要查看数据库中已有的触发器，可以使用"SHOW TRIGGERS"语句。

任务实施

1. 任务实施流程

任务实施流程如表6-10所示。

表6-10 任务实施流程

序　号	实施流程	功能描述/具体步骤
1	每次向"book"表中插入一条记录后，自动向"log"表中插入一条记录	创建"INSERT"类型的触发器
2	在"library"数据库中，"book"表为图书信息表	创建"BEFORE"类型的触发器

2. 任务分组

确定分工，营造小组凝聚力和工作氛围，培养学生的团队合作、互帮互助精神，填写表6-11的内容。

表 6-11　任务分组

组　　名			
组　　别			
团队成员	学　　号	角色职位	职　　责

恭喜你，已明确任务实施流程、完成任务设计，接下来进入任务实施。

3．任务实施

（1）代码。

① 创建"INSERT"类型的触发器：每次向"book"表中插入一条记录后，自动向"log"表中插入一条记录。

```
create table log
(
logno INT AUTO_INCREMENT PRIMARY KEY,
name VARCHAR(20),
logtime DATETIME
);
```

用"create table"命令创建"log"表。

该表中有三列：第一列是自增的"INT"类型的"logno"；第二列是"name"，字符串长度为"20"，用来记录表的名字；第三列是"DATETIME"类型的"logtime"，用来记录日志时间。

```
CREATE TRIGGER trigger_log
AFTER INSERT
ON book FOR EACH ROW
INSERT INTO log (name,logtime) values('book',now());
```

代码分析

● 使用"CREATE TRIGGER"命令来创建"INSERT"类型的触发器，名称为"trigger_log"。

其中，触发器的"tigger_time"为"AFTER"，指的是插入后触发该触发器，作用的表为"book"，即该触发器对"book"是有效的，表示向"book"表中任意插入一条记录时将触发该触发器。

● 该触发器的功能是：每次插入时，都向"log"表中插入日志数据。这条插入的数据需要对两个列赋值。"name"列的取值为固定的字符串"book"，"logtime"为插入的日志时间，这个时间就是系统的当前时间。

● 测试数据，检验触发器的效果，向"book"表中插入一条记录：

```
INSERT  INTO  book  (book_id,book_name,book_author,book_price,Press,ISBN,
book_copy,book_inventory)
    values(101106,'影视后期合成','毕兰兰',60.0,'科学出版社','978-7-03-
050841-6',65,12);
```

● 接着来检测一下"log"表中是否自动产生了日志数据，用"select"查询检验即可。由于这个例子比较简单，我们没有对插入的数据进行拦截，所以没有用到系统提供的"NEW"临时表。

② 创建"BEFORE"类型的触发器：在"library"数据库中，"book"表为图书信息表。"book"表的表结构如下所示：

```
MySQL> SELECT * FROM \book;
Empty set (0.07 sec)
MySQL> DESC book;
+---------------+-------------+-------+-------+--------+--------+
|Field          |Type         |Null   |Key    |Default |Extra   |
+---------------+-------------+-------+-------+--------+--------+
|book_id        |INT(8)       |NO     |PRI    |NULL    |        |
|book_name      |VARCHAR(50)  |YES    |UNI    |NULL    |        |
|book_author    |VARCHAR(50)  |YES    |MUL    |NULL    |        |
|book_price     |DECIMAL(6,1) |YES    |       |        |        |
|Press|float    |CHAR(50)     |YES    |0      |        |        |
|ISBN|float     |CHAR(17)     |YES    |0      |        |        |
|book_copy      |INT          |YES    |0      |        |        |
|book_inventory |INT          |YES    |0      |        |        |
+---------------+-------------+-------+-------+--------+--------+
```

创建一个名为"SumOfPrice"的触发器，触发的时间是在向"book"表中插入数据之前，触发器的功能是对新插入的"price"字段值进行求和计算。输入的SQL语句和执行过程如下所示：

```
MySQL> CREATE TRIGGER SumOfPrice
-> BEFORE INSERT ON book
-> FOR EACH ROW
-> SET @sum=@sum+NEW.price;
```

触发器 "SumOfPrice" 创建完成之后，在向 "book" 表中插入记录时，定义的 "sum" 值由 "0" 变成了 "110"，即插入值 "65" 和 "45" 的和，如下所示：

```
SET @sum=0;
MySQL> INSERT INTO book
-> values(101107,'Photoshop CC案例教程（第二版）','肖川',65.0,'华南理工大学出版社','978-7-5682-7843-0',35,25),
(101108,'Photoshop CS6图形图像处理','刘翀',45.0,'科学出版社','978-7-5623-4267-0',40,40);
Records: 2  Duplicates: 0  Warnings: 0
MySQL> select @sum;
+------+
|@sum  |
+------+
|110   |
+------+
```

任务八　查看触发器

任务描述

使用两种查看触发器的方法来查看触发器的信息：使用 "SHOW TRIGGERS" 语句查看触发器信息，使用 "select" 命令查看 "trigupdate" 触发器。

知识储备

在 MySQL 中查看触发器

查看触发器是指查看数据库中已经存在的触发器的定义、状态和语法信息等。查看触发器的方法有使用 "SHOW TRIGGERS" 语句和查询 "information_schema" 数据库下的 "triggers" 数据表等。前者用来查看当前创建的所有触发器的信息；后者可以用来查询指定的触发器，使用起来更加方便、灵活。本项目将详细介绍这两种查看触发器的方法。

（1）使用 "SHOW TRIGGERS" 语句查看触发器信息。

在MySQL中，可以通过 "SHOW TRIGGERS" 语句来查看触发器的基本信息，语法格式如下：

```
SHOW TRIGGERS;
```

（2）在"triggers"表中查看触发器信息。

在MySQL中，所有触发器的信息都存在"information_schema"数据库的"triggers"表中，可以通过查询命令"select"来查看，具体的语法如下：

```
select * from information_schema.triggers where trigger_name= '触发器名';
```

其中，"触发器名"用来指定要查看的触发器，用单引号引起来。这种方式可以查询指定的触发器，使用起来更加方便、灵活。

任务实施

任务实施流程
任务实施流程如表6-12所示。

表6-12　任务实施流程

序　　号	实施流程	功能描述/具体步骤
1	使用"SHOW TRIGGERS"语句查看触发器信息	创建一个数据表"count"，表中设置两个字段
		创建一个名为"trigupdate"的触发器
		使用"SHOW TRIGGERS"语句查看触发器
2	创建一个数据表	名称为"timeinfo"

2. 任务分组
确定分工，营造小组凝聚力和工作氛围，培养学生的团队合作、互帮互助精神，填写表6-13的内容。

表6-13　任务分组

组　　名			
组　　别			
团队成员	学　　号	角色职位	职　　责

恭喜你，已明确任务实施流程、完成任务设计，接下来进入任务实施。

3. 任务实施

① 使用"SHOW TRIGGERS"语句查看触发器信息。

创建一个数据表"count"，表中有两个字段，分别是INT类型的"num"和"DECIMAL"类型的"amount"。SQL语句和运行结果如下：

```
MySQL> create table count(
-> num INT(4),
-> amount DECIMAL(10,2));
```

创建一个名为"trigupdate"的触发器，每次"count"表更新数据之后都向"myevent"数据表中插入一条数据。创建数据表"myevent"的SQL语句和运行结果如下：

```
MySQL> create table myevent(
-> id INT(11) DEFAULT NULL,
-> evtname CHAR(20) DEFAULT NULL);
```

创建"trigupdate"触发器的SQL代码如下：

```
MySQL> CREATE TRIGGER trigupdate AFTER UPDATE ON count
-> FOR EACH ROW INSERT INTO myevent values(1,'after update');
```

使用"SHOW TRIGGERS"语句查看触发器（在"SHOW TRIGGERS"命令后添加"\G"，这样显示的信息会比较有条理），SQL语句和运行结果如下：

```
MySQL> SHOW TRIGGERS \G
*************************** 1. row ***************************
Trigger: trigupdate
Event: UPDATE
Table: count
Statement: INSERT INTO myevent VALUES(1,'after update')
Timing: AFTER
Created: 2021-10-24 14:07:15.08
sql_mode: STRICT_TRANS_TABLES,NO_AUTO_CREATE_USER,NO_ENGINE_SUBSTITUTION
Definer: root@localhost
character_set_client: utf-8
collation_connection: utf-8_general_ci
Database Collation: utf-8_general_ci
```

由运行结果可以看到触发器的基本信息。

代码分析

- "Trigger" 表示触发器的名称，本例为 "trigupdate"；
- "Event" 表示激活触发器的事件，这里的触发事件为更新操作 "UPDATE"；
- "Table" 表示激活触发器的操作对象表，这里为 "count" 表；
- "Statement" 表示触发器执行的操作，这里是向 "myevent" 数据表中插入一条数据；
- "Timing" 表示触发器触发的时间，这里为更新操作之后；
- 还有一些其他信息，比如触发器的创建时间、SQL 的模式、触发器的定义账户和字符集等，这里不再一一介绍。

② 使用 "select" 命令查看 "trigupdate" 触发器。

```
select * from information_schema.triggers WHERE TRIGGER_NAME= 'trigupdate'\G
*************************** 1. row ***************************
TRIGGER_CATALOG: def
TRIGGER_SCHEMA: test
TRIGGER_NAME: trig_update
EVENT_MANIPULATION: UPDATE
EVENT_OBJECT_CATALOG: def
EVENT_OBJECT_SCHEMA: test
EVENT_OBJECT_TABLE: count
ACTION_ORDER: 0
ACTION_CONDITION: NULL
ACTION_STATEMENT: INSERT INTO myevent VALUES (1,'AFTER UPDATE')
ACTION_ORIENTATION: ROW
ACTION_TIMING: AFTER
ACTION_REFERENCE_OLD_TABLE: NULL
ACTION_REFERENCE_NEW_TABLE: NULL
ACTION_REFERENCE_OLD_ROW: OLD
ACTION_REFERENCE_NEW_ROW: NEW
CREATED: NULL
QL_MODE:
DEFINER: root@localhost
CHARACTER_SET_CLIENT: utf8
COLLATION_CONNECTION: utf8_general_ci
DATABASE_COLLATION: utf8_general_ci
```

代码分析

- "TRIGGER_SCHEMA" 表示触发器所在的数据库；
- "TRIGGER_NAME" 表示触发器的名称；
- "EVENT_OBJECT_TABLE" 表示在哪个数据表上触发；
- "ACTION_STATEMENT" 表示触发器触发时执行的具体操作；
- "ACTION_ORIENTATION" 的值为 "ROW"，表示在每条记录上都触发；
- "ACTION_TIMING" 表示触发的时间是 "after"；
- 还有一些其他信息，比如触发器的创建时间、SQL的模式、触发器的定义账户和字符集等，这里不再一一介绍。

上述SQL语句也可以不指定触发器名称，这样将查看所有的触发器，SQL语句如下：

```
select * from information_schema.triggers \G
```

这个语句会显示 "triggers" 表中所有的触发器信息。

任务九 修改和删除触发器

任务描述

创建 "DELETE" 类型的触发器，在删除 "reader" 表中的数据时，将对应的 "borrow_record" 中的数据删除。

思政课堂

志存高远，脚踏实地，意思就是我们应当怀抱高远的志向，想要成为一名心怀理想的优秀程序员，必须从实际出发，一步一步慢慢地实现，不能心浮气躁。对于触发器的学习也是一样的道理，把每条SQL语句弄清楚，触发器的创建自然就明白了。修改触发器需要先将原触发器删除，再创建新的触发器。一步一步、脚踏实地地学，不可心浮气躁。

知识储备

在 MySQL 中修改和删除触发器（DROP TRIGGER）

可以使用 "DROP" 语句将触发器从数据库中删除，语法格式如下：

```
DROP TRIGGER [ IF EXISTS ] [数据库名] <触发器名>
```

语法说明如下：

- **触发器名**：要删除的触发器名称。
- **数据库名**：可选项。指定触发器所在的数据库的名称。若没有指定，则为当前默认的数据库。

- **IF EXISTS**：可避免在没有触发器的情况下删除触发器。

需要注意的是：删除一个表的同时，也会自动删除该表上的触发器。另外，要修改触发器，必须先删除它，再重新创建。触发器是不能更新或覆盖的。

任务实施

1．任务实施流程

任务实施流程如表6-14所示。

表 6-14　任务实施流程

序　号	实施流程	功能描述/具体步骤
1	创建"DELETE"类型的触发器	使用"CREATE TRIGGER"命令

2．任务分组

确定分工，营造小组凝聚力和工作氛围，培养学生的团队合作、互帮互助精神，填写表6-15的内容。

表 6-15　任务分组

组　　名			
组　　别			
团队成员	学　　号	角色职位	职　　责

恭喜你，已明确任务实施流程、完成任务设计，接下来进入任务实施。

3．任务实施

（1）代码。

① 创建一个"DELETE"触发器，在删除"reader"表中的数据时，将对应的"borrow_record"表中的数据删除。

```
CREATE TRIGGER trigger_delete
AFTER DELETE
ON reader FOR EACH ROW
  BEGIN
  delete from borrow_record
```

```
where reader_id=old.reader_id;
END
```

② 使用"CREATE TRIGGER"命令来创建"DELETE"类型的触发器，触发器名为"trigger_delete"。

- 其中，"AFTER"指的是删除数据后触发该触发器。
- 作用的表为"reader"，即该触发器对"reader"表是有效的。
- "FOR EACH ROW"表示向"reader"表中任意插入一条记录时将触发该触发器。

（2）该触发器的功能是：在删除"reader"表中的图书信息时，同时会将"borrow_record"表中相应的图书借阅信息删除。

（3）创建该触发器。

（4）删除记录，测试触发器的效果。

① 在删除前先查询编号为000001的用户的借阅数据。

```
select * from borrow_record where reader_id='000001';
```

通过查询发现，此时有两条借阅数据。

```
+-----------+-----------+-------------------+-------------+
|borrow_id  |reader_id  |ISBN               |Borrow_date  |
+-----------+-----------+-------------------+-------------+
|170101     |000001     |978-7-115-32050-6  |2020-07-07   |
|170102     |000001     |978-7-115-34805-0  |2020-10-16   |
+-----------+-----------+-------------------+-------------+
```

② 删除"reader"表中的数据。

```
delete from reader where reader_id='000001';
```

③ 再次查询编号为000001的用户的借阅数据，进行对比。

```
select * from borrow_record where book_id='000001';
```

通过查询发现，已经没有借阅数据了。

```
+-----------+-----------+-----------+-----------+
|borrow_id  |reader_id  |ISBN       |Borrow_date|
+-----------+-----------+-----------+-----------+
|(NULL)     |(NULL)     |(NULL)     |(NULL)     |
+-----------+-----------+-----------+-----------+
```

项目评价

1. 小组自查

小组内进行自查，填写表6-16的内容。

表 6-16　预验收记录

组　　名		完成情况				
任务序号	任务名称	验收任务	验收情况	整改措施	完成时间	自我评价
1						
2						
3						
4						
5						
6						
7						
8						
9						
验收结论：						

2. 项目提交

组内验收完成，各小组交叉验收，填写表6-17的内容。

表 6-17　小组验收报告

组　　名		完成情况				
任务序号	任务名称	验收时间	存在问题	验收结果	验收评价	验收人
1						
2						
3						
4						
5						
6						
7						
8						
9						
验收结论：						

3. 展示评价

各小组展示作品，介绍任务的完成过程、运行结果，整理代码、技术文档，进行小组自评、组间互评、教师评价，填写表6-18的内容。

表6-18　考核评价表

序　号	评价项目	评价内容	分值	小组自评(30%)	组间互评(30%)	教师评价(40%)	合计
1	职业素养（30分）	分工合理，制订计划能力强，严谨认真	5				
		爱岗敬业，责任意识，服从意识	5				
		团队合作、交流沟通、互相协作、互相分享	5				
		遵守行业规范、职业标准	5				
		主动性强，保质保量完成相关任务	5				
		能采取多样化手段收集信息、解决问题	5				
2	专业能力（60分）	任务流程明确	10				
		程序设计合理、熟练	10				
		代码编写规范、认真	10				
		项目提问回答正确	10				
		项目结果正确	10				
		技术文档整理完整	10				
3	创新意识（10分）	创新思维和行动	10				
合计			100				
评价人：			时间：				

项目复盘

1. 总结归纳

恭喜你已完成项目实施，在本项目中对MySQL数据库的存储过程和存储函数，以及对触发器的概念、触发器的基本类型、插入触发器、删除触发器与更新触发器进行了深入的学习。存储过程和存储函数都是用户自己定义的SQL语句的集合。本项目的重点内容是创建存储过程和存储函数的方法、存储器的创建和使用。

2. 存在问题/解决方案/项目优化

反思在本项目学习过程中自身存在的问题并填写表6-19的内容。

表6-19　项目优化表

序　号	存在问题	优化方案	是否完成	完成时间
1				
2				

恭喜你，完成项目评价和复盘。通过MySQL数据库安装与配置项目，你掌握了MySQL的安装与配置的基本流程。要熟练掌握该项目，这将为后面项目的完成奠定基础。

习题演练

（1）什么是存储过程？有哪些优缺点？

（2）什么是触发器？触发器的使用场景有哪些？

（3）在MySQL中都有哪些触发器？

项目实训

上机练习主要针对本项目中需要重点掌握的知识点，以及在程序中容易出错的内容进行练习，通过上机练习可以考察学生对知识点的掌握情况和对代码的熟练程度。

上机一：考察知识点为创建存储过程和存储过程中变量的使用。

请按照以下要求编写一个存储过程。

要求如下：

（1）创建一个名为"proc_add"的存储过程用于实现两个数相加。

（2）存储过程"proc_add"有两个输入参数，分别为a和b，均表示加数。

（3）定义一个变量c，用于接收两个数相加的结果。

（4）当调用该存储过程时，能够输出c的值。

上机二：考察知识点为触发器的创建、使用和删除等操作。

要求如下：

在如表6-20所示的"product"表上创建三个触发器。每次激活触发器后，都会更新如表6-21所示的"operate"表。

表6-20　"product"表

字段名	字段描述	数据类型	主键	外键	非空	唯一	自增
Id	产品编号	int(10)	是	否	是	是	否
Name	产品名称	varchar(20)	否	否	是	否	否
Function	主要功能	varchar(50)	否	否	否	否	否
Company	生产厂家	varchar(20)	否	否	是	否	否
Address	厂家地址	varchar(20)	否	否	否	否	否

表 6-21   "operate" 表

字段名	字段描述	数据类型	主键	外键	非空	唯一	自增
Op_id	编号	int(10)	是	否	是	是	是
Op_type	操作方式	varchar(20)	否	否	是	否	否
Op_time	操作时间	time	否	否	是	否	否

按照下列要求进行操作：

（1）在"product"表上分别创建"BEFORE INSERT""AFTER UPDATE""AFTER DELETE"3个触发器,触发器名称分别为"product_bf_insert""product_af_update"和"product_af_del"。执行语句部分都是向"operate"表插入操作方法和操作时间。

（2）对"product"表分别执行"INSERT""UPDATE""DELETE"操作。

（3）删除"product_bf_insert"和"product_af_update"这两个触发器。

项目七　MySQL 数据库安全管理

学习目标

知识目标：掌握 MySQL 权限系统的工作原理。

　　　　　掌握 MySQL 的权限类型。

　　　　　掌握 MySQL 用户认证和授权优化的方法。

　　　　　掌握 MySQL 加密连接的工作原理。

技能目标：能够配置和管理 MySQL 权限。

　　　　　能够优化 MySQL 用户认证和授权。

　　　　　能够用 SSL 方式连接到 MySQL 上。

素养目标：提高学生的数据安全意识，勇于承担维护数据安全的责任。

　　　　　提高学生分析和解决问题的能力，努力成为高素质人才。

思维导图

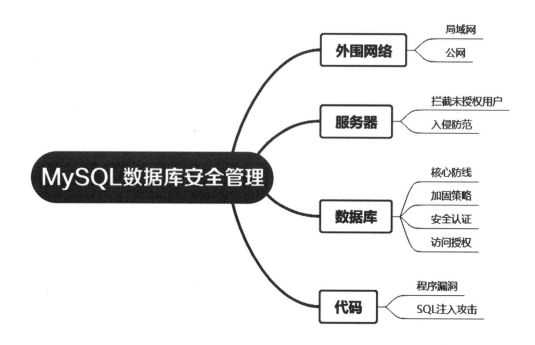

项目导言

　　MySQL根据访问控制列表（ACL）对所有连接、查询和其他用户尝试执行的操作进行安全管理。MySQL客户端和服务器之间还支持SSL加密连接。这里涉及的许多概念并不是MySQL专有的，这些概念同样适合所有应用程序。

　　在运行MySQL时，应尽量遵循以下原则：

　　（1）不要让任何人（除了"root"账户）访问数据库中的"user"表。加密的密码才是MySQL中的真正密码。知道"user"表中所列密码的人可以轻易地用该用户登录。

　　（2）学习MySQL访问权限系统。用"GRANT"和"REVOKE"语句来控制对MySQL的访问，不要授予超过需求的权限，更不能为所有主机授权。

思政课堂

　　2020年3月31日，某酒店集团发布一则声明称，约520万名客人的资料可能被泄露。泄露的资料包括客人的姓名、地址、电子邮箱地址、电话号码、账户、积分余额、生日日期、偏好等。该集团在声明中表示，2020年2月底，发现有人通过旗下某特许经营酒店两名员工的登录凭据，访问了很多客人的信息。该集团称，发现问题后，已禁用了该登录凭据。

　　事实上，这已不是该集团第一次发生数据泄露事件。2018年11月，该集团旗下某酒店的预订数据库遭黑客入侵，涉及近5亿名客人的个人信息。当时，为向信息被泄露的客人提供更多信息，该集团还搭建了一个网站，为受影响的客人提供为期一年的欺诈识别服务，结果一年多过后，再度"翻车"。

　　事实上，数据安全已经成为了所有企业都必须直面的挑战。近年来，除了该集团还有不少企业也曾发生过大规模数据泄漏事件。现在是一个信息爆炸的时代。一方面，用户每天都能通过互联网接收到无数的新鲜信息，另一方面，用户的个人信息也都在这张"网"里飘着。这些信息如果被一些企业合理掌握，那它们就能够为用户提供更加人性化的服务，但如果没有被妥善保管，就可能落入不怀好意的人手里，实施违法犯罪行为。

　　信息泄露，不仅侵犯了个人隐私，破坏了国家公民信息管理秩序，社会危害严重，还可能导致诈骗行为的发生，已成全球互联网治理面临的共同课题。就我国而言，早已出台相关法律法规，明令禁止此类行为。《中华人民共和国刑法》第二百八十条：伪造、变造、买卖居民身份证、护照、社会保障卡、驾驶证等依法可以用于证明身份的证件的，处三年以下有期徒刑、拘役、管制或者剥夺政治权利，并处罚金；情节严重的，处三年以上七年以下有期徒刑，并处罚金。《中华人民共和国刑法》第二百五十三条：违反国家有关规定，向他人出售或者提供公民个人信息，情节严重的，处三年以下有期徒刑或者拘役，并处或者单处罚金；情节特别严重的，处三年以上七年以下有期徒刑，并处罚金。

任务　MySQL 权限管理

任务描述

在图书管理系统中，数据库的管理工作是非常繁重的，因此你作为数据库系统的超级管理员需要找一个帮手，协助处理一些数据库表的查询、备份等工作。

考虑到数据的重要性，为了防止这个小帮手在工作的时候因操作失误造成数据的丢失，需要对其权限进行限制，如给予其表的查询权限、禁用修改表的权限等。我们应该如何完成这项任务呢？

知识储备

1. MySQL 权限介绍

MySQL的权限简单理解就是MySQL允许你做权限以内的事情，不可以越界。比如只允许你执行 "select" 操作，那么你就不能执行 "update" 操作；只允许你从某台机器上连接MySQL，那么你就不能从除那台机器以外的其他机器连接MySQL。

那么MySQL的权限管理是如何实现的呢？这就要说到MySQL的两阶段验证，下面详细介绍。第一阶段：服务器首先会检查你是否允许被连接。因为创建用户的时候会加上主机限制，可以限制成本地、某个IP、某个IP段，以及任何地方等，只允许你从配置的指定地方登录。第二阶段：如果能连接，MySQL会检查你发出的每个请求，看你是否有足够的权限实施它。比如你要更新某个表或者查询某个表，MySQL会查看你对该表或表中的某个列是否有权限。再比如，你要运行某个存储过程，MySQL会检查你对该存储过程是否有执行权限等。

MySQL中存在4个控制权限的表，分别为 "user" 表、"db" 表、"tables_priv" 表、"columns_priv" 表。

MySQL权限表的验证过程为：

（1）先从 "user" 表中的 "Host" "User" "Password" 这3个字段中判断连接的IP、用户名、密码是否存在，存在则通过验证。

（2）通过身份认证后，进行权限分配，按照 "user" "db" "tables_priv" "columns_priv" 的顺序进行验证。即先检查全局权限表 "user"，如果 "user" 中对应的权限为 "Y"，则此用户对所有数据库的权限都为 "Y"，将不再检查 "db" "tables_priv" "columns_priv"；如果为 "N"，则到 "db" 表中检查此用户对应的具体数据库，并得到 "db" 中为 "Y" 的权限；如果 "db" 中为 "N"，则检查 "tables_priv" 中此数据库对应的具体表，取得表中的权限 "Y"，以此类推。

2. MySQL 权限级别

MySQL权限级别分为以下三种：

（1）全局性的管理权限：作用于整个MySQL实例级别。

（2）数据库级别的权限：作用于某个指定的数据库上或所有的数据库上。

（3）数据库对象级别的权限：作用于指定的数据库对象上（表、视图等）或所有的数据库对象上。

权限信息存储在MySQL的"user""db""tables_priv""columns_priv""procs_priv"这几个系统表中，待MySQL实例启动后就被加载到内存中。

查看MySQL有哪些用户：

```
MySQL> select user,host from MySQL.user;
+-------------------+-----------+
|user               |host       |
+-------------------+-----------+
|jxyy               |localhost  |
|MySQL.infoschema   |localhost  |
|MySQL.session      |localhost  |
|MySQL.sys          |localhost  |
|root               |localhost  |
+-------------------+-----------+
```

查看"root"用户在权限系统表中的数据：

```
MySQL> use MySQL;
MySQL>select * from user where user='root' and host='localhost'\G;
#所有权限都是Y，就是什么权限都有
MySQL> select * from db where user='root' and host='localhost'\G;
# 没有此条记录
MySQL> select * from tables_priv where user='root' and host='localhost';  #
没有此条记录
MySQL> select * from columns_priv where user='root' and host='localhost';
# 没有此条记录
MySQL> select * from procs_priv where user='root' and host='localhost'; #
没有此条记录
```

查看"root@localhost"用户的权限：

```
MySQL> show grants for root@localhost;
+--------------------------------------------------------------------+
```

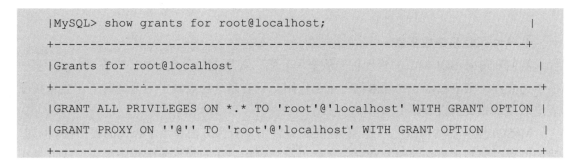

```
|MySQL> show grants for root@localhost;                                |
+-----------------------------------------------------------------------+
|Grants for root@localhost                                             |
+-----------------------------------------------------------------------+
|GRANT ALL PRIVILEGES ON *.* TO 'root'@'localhost' WITH GRANT OPTION |
|GRANT PROXY ON ''@'' TO 'root'@'localhost' WITH GRANT OPTION        |
+-----------------------------------------------------------------------+
```

3. MySQL 权限授予与去除

在MySQL中，如果我们需要为某个用户授权，可以使用"GRANT"命令，如果要去除某个用户已有的权限则使用"REVOKE"命令。当然除了这两个命令，也可以通过直接更新"grant tables"权限表来实现用户权限的管理。

当给某个用户授权的时候，不仅需要指定用户名，同时还要指定来访主机。

如果授权的时候仅指定用户名，那么MySQL会自动认为是对"username@%"授权。要去除某个用户的权限同样也需要指定来访主机。

可能有些时候我们还需要查看某个用户目前拥有的权限，可以通过两种方法实现：一种方法是通过执行"show grants for 'username'@'hostname'"命令来获取该用户已拥有的所有授权；另一种方法是查询"grant tables"表里的权限信息。"GRANT"和"REVOKE"语句所涉及权限的名称如表7-1所示。

表 7-1 "GRANT"和"REVOKE"语句所涉及权限的名称

权　　限	权限级别	权限说明
create	数据库、表或索引	创建数据库、表或索引权限
drop	数据库或表	删除数据库或表权限
grant option	数据库、表或保存的程序	赋予权限选项
references	数据库或表	外键权限
alter	表	更改表权限，比如添加字段和索引、修改字段等
delete	表	删除数据权限
index	表	索引权限
insert	表	插入权限
select	表	查询权限
update	表	更新权限
create view	视图	创建视图权限
show view	视图	查看视图权限
alter routine	存储过程	更改存储过程权限
create routine	存储过程	创建存储过程权限
execute	存储过程	执行存储过程权限

4. MySQL 系统权限表

我们知道MySQL权限的管理首先从全局开始，如果全局是允许的，即在"user"表中表示为允许，则表权限、列权限都不全起作用，只有当全局设置了不允许时，才会从权限表之后读取相关的设置。

MySQL服务器的特点之一是，它在控制每个用户行为方面提供了极大的灵活性。例如，我们既可以限制用户访问整个数据库，也可以限制用户访问数据库中特定的表，或者禁止访问特定表中的特定列，由此可见MySQL服务器在用户授权方面的灵活性。

MySQL的授权系统通常是通过MySQL数据库中的五个表来实现的，这些表有"user""db""host""tables_priv""columns_priv"。这些表的用途各有不同，但是有一点是一致的，那就是都能够检验用户要做的事情是否为被允许的。每个表的字段都可分解为两类，一类为作用域字段，另一类为权限字段。作用域字段用来标识主机、用户或数据库；而权限字段则用来确定对于给定主机、用户或数据库来说，哪些动作是允许的。下面，我们看看这些表的具体作用。

（1）"user"表：存放用户账户信息及全局级别（所有数据库）权限，决定了来自哪些主机的哪些用户可以访问数据库实例。如果某用户拥有全局权限，则意味着对所有数据库都拥有对应权限。

"user"表的说明如表7-2所示。

表 7-2　"user"权限表

权限字段名称	说　　明
select_priv	确定用户是否可以通过"select"命令选择数据
insert_priv	确定用户是否可以通过"insert"命令插入数据
delete_priv	确定用户是否可以通过"delete"命令删除现有数据
update_priv	确定用户是否可以通过"update"命令修改现有数据
create_priv	确定用户是否可以创建新的数据库和表
drop_priv	确定用户是否可以删除现有的数据库和表

（2）"db"表：存放数据库级别的权限，决定了来自哪些主机的哪些用户可以访问此数据库。"db"表中的权限列和"user"表中的权限列大致相同，只是"user"表中的权限是针对所有数据库的，而"db"表中的权限只针对指定的数据库。如果希望用户只对某个数据库有操作权限，可以先将"user"表中对应的权限设置为N，然后在"db"表中设置对应数据库的操作权限。

（3）"tables_priv"表：存放表级别的权限，决定了来自哪些主机的哪些用户可以访问数据库的这个表。"tables_priv"表的说明如表7-3所示。

表 7-3 "tables_priv" 表

字段名	字段类型	是否为空	默认值	说　明
host	char(60)	NO	无	主机
db	char(64)	NO	无	数据库名
user	char(32)	NO	无	用户名
table_name	char(64)	NO	无	表名
grantor	char(93)	NO	无	修改该记录的用户
timestamp	timestamp	NO	CURRENT_TIMESTAMP	修改该记录的时间
table_priv	set('Select','Insert','Update','Delete','Create','Drop','Grant','References','Index','Alter','Create View','Show view','Trigger')	NO	无	表示对表的操作权限，包括 "Select" "Insert" "Update" "Delete" "Create" "Drop" "Grant" "References" "Index" "Alter" 等
column_priv	set('Select','Insert','Update','References')	NO	无	表示对表中的列的操作权限，包括 "Select" "Insert" "Update" "References"

（4）"columns_priv" 表：存放列级别的权限，决定了来自哪些主机的哪些用户可以访问数据库表的这个字段。"columns_priv" 表的说明如表7-4所示。

表 7-4 "columns_priv" 表

字段名	字段类型	是否为空	默认值	说　明
host	char(60)	NO	无	主机
db	char(64)	NO	无	数据库名
user	char(32)	NO	无	用户名
table_name	char(64)	NO	无	表名

（5）"procs_priv" 表：存放存储过程和函数级别的权限。"procs_priv" 表的说明如表7-5所示。

表 7-5 "procs_priv" 表

字段名	字段类型	是否为空	默认值	说　明
host	char(60)	NO	无	主机名
db	char(64)	NO	无	数据库名
user	char(32)	NO	无	用户名
routine_name	char(64)	NO	无	表示存储过程或函数的名称

任务实施

1. 任务实施流程

任务实施流程如表7-6所示。

表 7-6　任务实施流程

序　号	实施流程	功能描述/具体步骤
1	用户认证和授权优化	删除匿名账户和空口令账户
2	优化用户和端口的配置	确保MySQL用户登录"shell"为"nologin"
3	修改默认端口	修改默认端口"3306"，改为其他端口
4	binlog日志管理	查看"binlog"日志
5	设置SSL加密连接	建立SSL连接

2. 任务分组

确定分工，营造小组凝聚力和工作氛围，培养学生的团队合作、互帮互助精神，填写表7-7的内容。

表 7-7　任务分组

组　　名			
组　　别			
团队成员	学　　号	角色职位	职　　责

恭喜你，已明确任务实施流程、完成任务分组，接下来进入任务实施。

3. 任务实施

（1）MySQL用户认证和授权优化。

① 删除匿名账户和空口令账户。

一般我们在安装数据库之后就会删除匿名账户，命令如下：

```
MySQL> delete from MySQL.user where user='';
```

② 为空口令账户设置密码。

```
MySQL> update MySQL.user set password=password('$MYSQL_PASSWORD') where
User="root" and Host="localhost";
MySQL> update MySQL.user set password=password('$MYSQL_PASSWORD') where
User="root" and Host="127.0.0.1";
MySQL> update MySQL.user set password=password('$MYSQL_PASSWORD') where
User="root" and Host="::1";
```

③ 禁止"root"账户远程访问。

"root"账户权限太高，为了安全，一般我们禁止"root"账户远程访问，"root"账户只允许从本地访问，命令如下：

```
MySQL> delete from MySQL.user where User='root' and Host='%';
```

或

```
MySQL> update user set host = "localhost" where user = "root" and host = "%";
MySQL> flush privileges
```

此时，任何人已经无法通过"root"账户远程访问数据库了。

除了"root"账户，其他账户也应该严格控制，尽量不要允许远程访问，如果必须允许远程访问，应严格控制其他权限。根据业务需要，配置能满足其需要的最小权限。

（2）优化用户和端口的配置。

① 确保MySQL运行用户为普通用户。

确保MySQL用户登录"shell"为"nologin"。

```
[root@localhost ~]# usermod -s /sbin/nologin MySQL
```

对MySQL运行用户降权，以普通用户身份运行MySQL。

```
[root@localhost ~]# vim /usr/local/MySQL/my.cnf
user = MySQL
[root@localhost ~]# /etc/init.d/MySQLd restart
Shutting down MySQL.. SUCCESS!
Starting MySQL. SUCCESS!
[root@localhost ~]#
```

如果是用命令启动的，则在参数后面加上"--user=MySQL"即可。

注意存放目录权限：

```
[root@localhost ~]# chown -R MySQL.MySQL /data/MySQL/
```

执行以上操作后，MySQL就会以普通用户身份来启动，并且会以该用户身份来接受连接。以上的MySQL用户也可以改为其他用户。

② 修改默认端口。

建议修改默认端口"3306",改为其他的一些端口。

```
[root@localhost~]# vim /usr/local/MySQL/my.cnf
[MySQLd]
port = 3389
[root@localhost~]# /etc/init.d/MySQLd restart
Shutting down MySQL.. SUCCESS!
Starting MySQL. SUCCESS!
[root@localhost~]#
```

（3）"MySQL binlog"日志管理。

"MySQL binlog"是二进制日志文件,用于记录MySQL的数据更新或潜在更新（比如使用"delete"语句执行删除,然而数据表中实际上并没有符合条件的数据）,在MySQL主从复制中就是依靠的"binlog",可以通过语句"show binlog events in 'binlogfile'"来查看"binlog"的具体事件类型。"binlog"记录的所有操作实际上都有对应的事件类型,"MySQL binlog"有以下三种工作模式。

● Row level（用到MySQL的特殊功能,如存储过程、触发器、函数,又希望数据最大化,便一直选择Row模式）。

简介:日志中会记录每一行数据被修改的情况,然后在"slave"端对相同的数据进行修改。

优点:能清楚地记录每一行数据修改的细节。

缺点:数据量太大。

● Statement level（默认）。

简介:每一条被修改的数据都会记录到"master"的"bin-log"中,"slave"端在复制的时候sql进程会解析成和原来"master"端执行过的相同的sql再次执行。在主从同步中一般是不建议用Statement模式的,因为会有些语句不支持,比如语句中包含"UUID"函数,以及"LOAD DATA IN FILE"语句等。

优点:解决了Row level下的缺点,不需要记录每一行的数据变化,减少bin-log日志量,节约磁盘IO,提高性能。

缺点:容易出现主从复制不一致。

● Mixed（混合模式）。

简介:结合了Row level和Statement level的优点,同时binlog结构也更复杂了。

开启MySQL二进制日志,在误删除数据的情况下,可以通过二进制日志恢复到某个时间点。

① 查看binlog日志状态。

登录MySQL后，输入"show variables like '%log_bin%';"查看到binlog日志的状态信息（ON为开启，OFF为关闭）。

```
MySQL> show variables like '%log_bin%';
+-----------------------------------+---------------------+
|Variable_name                      |Value                |
+-----------------------------------+---------------------+
|log_bin                            |ON                   |
|log_bin_basename                   |                     |
|log_bin_index                      |                     |
|log_bin_trust_function_creators    |OFF                  |
|log_bin_use_v1_row_events          |OFF                  |
|sql_log_bin                        |ON                   |
+-----------------------------------+---------------------+
```

② 查看binlog日志文件列表。

输入"show master logs;"查看当前有哪些日志文件存在及文件大小等相关信息：

```
MySQL> show master logs;
+--------------------------+-----------+-----------+
|Log_name                  |File_size  |Encrypted  |
+--------------------------+-----------+-----------+
|LAPTOP-1BUDCNV0-bin.000001|       180 |No         |
|LAPTOP-1BUDCNV0-bin.000002|   2087488 |No         |
|LAPTOP-1BUDCNV0-bin.000003|       157 |No         |
+--------------------------+-----------+-----------+
```

输入"show master status;"可以查看当前正在写入的日志文件：

```
MySQL>show master status;
+--------+-----------+-------------+----------------+--------------------+
|File    |Position   |Binlog_Do_DB |Binlog_Ignore_DB|Executed_Gtid_Set   |
+--------+-----------+-------------+----------------+--------------------+
|LAPTOP-1BUDCNV0-bin.000003   | 157       |             |                |                    |
+--------+-----------+-------------+----------------+--------------------+
```

（4）设置SSL加密连接。

① SSL简介。

SSL（Secure Socket Layer）是Netscape所研发的，用以保障在Internet上数据传输的安全，利用数据加密（Data Encryption）技术，可确保数据在网络上的传输过程不会被截取及窃听，它已被广泛地用于Web浏览器与服务器之间的身份认证和加密数据传输。

SSL协议位于TCP/IP协议与各种应用层协议之间，为数据通信提供安全支持。SSL协议可分为两层。一层是SSL记录协议（SSL Record Protocol），它建立在可靠的传输协议（如TCP）之上，为高层协议提供数据封装、压缩、加密等基本功能的支持。另一层是SSL握手协议（SSL Handshake Protocol），它建立在SSL记录协议之上，用于在实际的数据传输开始前，通信双方进行身份认证、协商加密算法、交换加密密钥等。

② SSL的工作流程。

A 服务器认证阶段。

● 客户端向服务器发送一个开始信息"Hello"，以便开始一个新的会话连接；

● 服务器根据客户的信息确定是否需要生成新的主密钥，如果需要，则服务器在响应客户的"Hello"信息时将包含生成主密钥所需的信息；

● 客户根据收到的服务器响应信息，产生一个主密钥，并用服务器的公开密钥加密后传给服务器；

● 服务器回复该主密钥，并返给客户一个用主密钥认证的信息，以此让客户认证服务器。

B 用户认证阶段。

经过认证的服务器发送一个提问给客户，客户则返回（数字）签名后的提问及其公开密钥，从而向服务器提供认证。

C SSL协议提供的安全通道有以下三个特性。

● 机密性：SSL协议使用密钥加密通信数据。

● 可靠性：服务器和客户都会被认证，客户的认证是可选的。

● 完整性：SSL协议会对传送的数据进行完整性检查。

③ MySQL中SSL连接的认证。

在SSL握手阶段，需要对服务端/客户端的证书进行认证和确认，虽然证书中的明文有服务器的公钥，就算不认证，后续过程也能进行，但是不确保证书的可信度，证书上的公钥的可信度也存在质疑。所以为了确保证书可信，需要CA证书来验证服务器证书，实际上就是使用CA证书上的CA公钥，解密服务器证书的签名是否与生成的服务器证书指纹一致。

在MySQL中，在默认情况下是不进行服务器证书认证的，只有当客户端指定了ca或ca-path，才会进行服务器证书认证。

在默认的情况下：

A MySQL客户端行为。

● 是否设置了"ca_file"参数或者"ca_path"参数：

没有设置这两个参数，SSL连接是不认证服务器证书的，直接提取公钥，继续进行握手阶段。当设置了相关参数时，才会有参数指定的CA证书对服务器证书进行认证。

● 是否设置了"ssl-cert"和"ssl-key"。

如果设置了，客户端才会有相应的服务器请求证书，返回客户端证书。

B　MySQL服务端行为。

总是会发送客户端证书请求，至于客户端是否返回自己的证书给服务端验证，由客户端参数决定；而服务器端是否一定要求客户端返回客户端证书由连接的用户属性决定。在连接权限检测的时候会调用"acl_check_ssl"函数来进行检测。

④　MySQL中SSL连接的参数。

A　客户端参数。

SSL连接服务器方式如表7-8所示。

表 7-8　SSL 连接服务器方式

选　项　值	说　　明
PREFFERED（默认）	首先尝试SSL加密连接，失败了使用非加密连接
REQUIRED	客户端要求一个加密连接，失败了则中断
DISABLED	客户端不使用加密连接
VERIFY_CA or VERIFY_IDENTITY	客户端要求一个加密连接，并且要求验证服务器证书
	如果是"VERIFY_IDENTITY"，则还要求对证书中的主机名进行验证

SSL连接参数如表7-9所示。

表 7-9　SSL 连接参数

选　　项	作　　用
ssl-ca	该参数指定CA证书文件，与"ssl-capath"参数作用一致
	主要不同在于ssl-ca是文件，"ssl-capath"参数是目录
	注意：如果配置了该选项，必须是与服务器端相同的CA证书
ssl-capath	参考ssl-ca说明
ssl-sert	指定客户端数字证书
ssl-key	指定客户端私钥
ssl-cipher	指定允许的连接加密套件
ssl-crl	指定吊销证书列表的文件

B　服务端参数。

SSL选项：开启该选项表明，服务器支持SSL连接，但不强制要求用户使用SSL连接，该选项默认是开启的。

当MySQL启动时，如果只开启了SSL选项（默认就是开启的，所以不配置就是开启），其他都没有配置，服务器在启动时会自动搜索相关文件。

服务器在数据目录下搜索"ca.pem""server-cert.pem""server-key.pem"文件，就会启动对加密连接的支撑。

如果在数据目录下没有找到相关文件，服务器依然启动，但是不支持加密连接。

项目评价

1. 小组自查

小组内进行自查，填写表7-10的内容。

表 7-10　预验收记录

项目名称				组　　名	
序　　号	验收任务	验收情况	整改措施	完成时间	自我评价
1					
2					
验收结论：					

2. 项目提交

组内验收完成，各小组交叉验收，填写表7-11的内容。

表 7-11　小组验收报告

任务名称		组　　名	
项目验收人		验收时间	
项目概况			
存在问题		完成时间	
验收结果		评价	

3. 展示评价

各组展示作品，介绍任务的完成过程、运行结果，整理代码、技术文档，进行小组自评、组间互评、教师评价，填写表7-12的内容。

表 7-12　考核评价表

序　号	评价项目	评价内容	分值	小组自评(30%)	组间互评(30%)	教师评价(40%)	合计
1	职业素养（30分）	分工合理，制订计划能力强，严谨认真	5				
		爱岗敬业，责任意识，服从意识	5				
		团队合作、交流沟通、互相协作、互相分享	5				
		遵守行业规范、职业标准	5				
		主动性强，保质保量完成相关任务	5				
		能采取多样化手段收集信息、解决问题	5				
2	专业能力（60分）	程序设计合理、熟练	10				
		使用命令备份单个数据库和多个数据库	20				
		代码编写规范、认真	10				
		项目结果正确、提问回答正确	10				
		技术文档整理完整	10				
3	创新意识（10分）	创新思维和行动	10				
合计			100				
评价人：			时间：				

项目复盘

1. 总结归纳

恭喜你，已完成项目实施，数据库备份是服务端开发经常遇到的问题。为了提升用户体验，我们要尽量减少服务器备份时的损失。所以备份时间尽量选在半夜，并且要尽量减少备份所用的时间，在备份时需要考虑的问题包括：可以容忍丢失多长时间的数据；恢复数据要在多长时间内完成；恢复数据的时候是否需要持续提供服务；恢复的对象是整个库、多个表，还是单个库、单个表等。

2. 存在问题/解决方案/项目优化

反思在本项目学习过程中自身存在的问题并填写表7-13的内容。

表 7-13　项目优化表

序　号	存在问题	优化方案	是否完成	完成时间
1				
2				

恭喜你，完成项目评价和复盘。通过MySQL数据库安装与配置项目，掌握了MySQL的安装与配置的基本流程。要熟练掌握该项目，这将为后面项目的完成奠定基础。

项目小结

本项目主要从数据库安全的角度出发讲解了MySQL中权限系统的管理及配置方法、如何安全优化及端口配置、二进制日志的配置和管理、设置SSL加密连接等。这里大家要注意的是，对于MySQL安全管理来说，必须完全保护整个服务器主机的安全（而不仅仅是MySQL服务器）。防范各种类型的攻击，如偷听、修改、重放和拒绝服务等。

习题演练

（1）启动MySQL日志，有助于加固MySQL数据库的安全，如从日志中获得典型的SQL注入语句、泄漏范围等。MySQL主要有哪几种日志？

（2）MySQL有关权限的表有哪几个呢？作用分别是什么？

项目实训

实验：数据库安全性实验

一、实验目的

为了保证数据库的安全性，每个DBMS都为每一个用户设计了权限管理来保证数据安全。本实验要求掌握对用户权限管理的操作方法。

二、实验环境

MySQL。

三、实验前的准备

（1）了解用户管理的命令。

（2）了解操作用户权限的命令。

四、实验内容与步骤

1. "GRANT" 命令使用说明

先来看一个例子，创建一个只允许从本地登录的超级用户 "jxyy"，并允许将权限赋予别的用户，密码为 "jxyy"。

```
MySQL> GRANT ALL PRIVILEGES ON *.* TO jxyy@'localhost' IDENTIFIED BY "jxyy"
WITH GRANT OPTION;
```

"GRANT" 命令说明：

ALL PRIVILEGES表示所有权限。

ON 用来指定权限针对哪些库和表。

*.*前面的*号用来指定数据库名，后面的*号用来指定表名。

TO 表示将权限赋予某个用户。

jxyy@'localhost' 表示jxyy用户，@后面接限制的主机，可以是IP、IP段、域名及%，%表示任何地方。注意：这里%有的版本不包括本地，以前碰到过给某个用户设置了%允许任何地方登录，但是在本地登录不了，这个和版本有关系，遇到这个问题再加一个localhost的用户就可以了。

IDENTIFIED BY　指定用户的登录密码。

WITH GRANT OPTION　这个选项表示该用户可以将自己拥有的权限授权给别人。注意：经常有人在创建操作用户的时候不指定WITH GRANT OPTION选项，导致后来该用户不能使用"GRANT"命令创建用户或者给其他用户授权。

备注：可以使用"GRANT"命令重复给用户添加权限或叠加权限，比如你先给用户添加一个"SELECT"权限，然后又给用户添加一个"INSERT"权限，那么该用户就同时拥有了"SELECT"和"INSERT"权限。

2. 刷新权限

使用这个命令使权限生效，尤其是你对那些权限表"user""db""host"等做了"update"或"delete"更新的时候。以前遇到过使用"GRANT"后权限没有更新的情况，只要对权限做了更改就使用"flush privileges"命令来刷新权限。

```
MySQL> flush privileges;
```

3. 查看权限

查看当前用户的权限：

```
MySQL> show grants;
+------------------------------------------------------------+
|Grants for root@localhost                                   |
+------------------------------------------------------------+
|GRANT ALL PRIVILEGES ON *.* TO 'root'@'localhost' WITH GRANT OPTION
|GRANT PROXY ON ''@'' TO 'root'@'localhost' WITH GRANT OPTION |
+------------------------------------------------------------+
```

查看某个用户的权限：

```
MySQL> show grants for 'jxyy'@'%';
+---------------------------------------------------------+
|Grants for jxyy@%                                        |
+---------------------------------------------------------+
|GRANT USAGE ON *.* TO 'jxyy'@'%' IDENTIFIED BY PASSWORD
 '*9BCDC990E611B8D852EFAF1E3919AB6AC8C8A9F0'              |
+---------------------------------------------------------+
```

4. 回收权限

```
MySQL> revoke delete on *.* from 'jxyy'@'localhost';
```

5. 删除用户

```
MySQL> select host,user,password from user;
+-----------+------+-------------------------------------------+
|host       |user  |password                                   |
+-----------+------+-------------------------------------------+
|localhost  |root  |                                           |
|rhel5.4    |root  |                                           |
|127.0.0.1  |root  |                                           |
|::1        |root  |                                           |
|localhost  |      |                                           |
|rhel5.4    |      |                                           |
|localhost  |jxyy  |*9BCDC990E611B8D852EFAF1E3919AB6AC8C8A9F0 |
+-----------+------+-------------------------------------------+
MySQL> drop user 'jxyy'@'localhost';
```

6. 对账户重命名

```
MySQL> rename user 'jxyy'@'%' to 'jim'@'%';
```

7. 修改密码

（1）用"set password"命令。

```
MySQL> set password for 'root'@'localhost' = PASSWORD('123456');
```

（2）用"MySQLadmin"命令。

```
[root@rhel5~]# MySQLadmin -uroot -p123456 password 1234abcd
```

（3）用"update"直接编辑"user"表。

```
MySQL> use MySQL;
MySQL> update user set PASSWORD = PASSWORD('1234abcd') where user = 'root';
MySQL> flush privileges;
```

（4）重置数据库"root"的密码为"123456"。

```
[root@rhel5~]# MySQL -u root
MySQL> update user set password = PASSWORD('123456') where user = 'root';
```

```
MySQL> flush privileges;
Using delimiter:            ;
Server version:             5.5.22 Source distribution
Protocol version:           10
Connection:                 Localhost via UNIX socket
Server characterset:        utf8
Db      characterset:       utf8
Client characterset:        utf8
Conn.  characterset:        utf8
UNIX socket:                /tmp/MySQL.sock
Uptime:                     36 sec

Threads: 1  Questions: 5  Slow queries: 0  Opens: 23  Flush tables: 1  Open
tables: 18  Queries per second avg: 0.138
--------------
MySQL> use MySQL;
MySQL> update user set password = PASSWORD('123456') where user = 'root';
MySQL> flush privileges;
```

拓展阅读

MySQL 安全设置小贴士

（1）使用私有局域网。我们可以通过私有局域网，通过网络设备，统一私有局域网的出口，并通过网络防火墙设备控制出口的安全。

（2）使用SSL加密通道。如果我们对数据保密要求非常严格，可以启用MySQL提供的SSL访问接口，将传输数据进行加密。使网络传输的数据即使被截获，也无法轻易使用。

（3）访问授权限定来访主机的范围。我们可以在授权的时候，通过指定主机的主机名、域名或IP地址信息来限定来访主机的范围。

（4）OS（Operating System，操作系统）安全方面。关闭MySQL Server主机上面任何不需要的服务，这不仅能从安全方面减少潜在隐患，还能减少主机的部分负担，尽可能提高性能。

（5）使用网络扫描工具（如nmap等）扫描主机端口，检查除了MySQL需要监听的端口3306，还有哪些端口是开放的或正在监听的，并关闭不必要的端口。

（6）严格控制OS账户的管理，以防账户信息外泄，尤其是root和MySQL账户。

（7）对root和MySQL等对MySQL的相关文件有特殊操作权限的OS账户登录后做出比较显眼的提示，并在Terminal的提示信息中输出当前用户信息，以防止操作的时候经过多次用户切换后出现人为误操作。

（8）用非root用户运行MySQL。因为如果使用root运行MySQL，那么mysqld的进程就会拥有root用户所拥有的权限，任何具有FILE权限的用户都可以在MySQL中向系统的任何位置写入文件。

（9）文件和进程安全。合理设置文件的权限属性，MySQL的相关数据和日志所在的文件夹属主和所属组都设置为MySQL，且禁用其他所有用户的读写权限。以防止数据或者日志文件被窃取或破坏。

（10）确保MySQL Server所在的主机上所需要运行的其他应用或服务足够安全，避免因为其他应用或者服务存在安全漏洞而被入侵者攻破防线。

项目八　MySQL 数据库备份与恢复

学习目标

知识目标：掌握 MySQL 备份和恢复系统的工作原理。
　　　　　掌握 MySQL 备份和恢复系统的方法。
技能目标：能够对数据库进行完全备份、冷备份。
　　　　　能够恢复数据库的备份数据。
素养目标：提高学生的数据安全意识，勇于承担维护数据安全的责任。
　　　　　提高学生分析和解决问题的能力，努力成为高素质人才。

思维导图

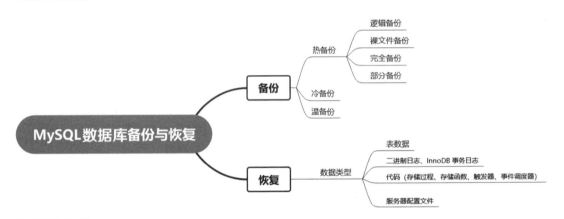

项目导言

随着企业对信息系统的依赖性越来越高，数据库作为信息系统的核心担当着重要的角色。尤其在一些对数据可靠性要求较高的行业里，如银行、证券、电信等，如果发生意外停机或数据丢失，其损失会十分惨重。

数据库备份是一个长期的过程，而恢复只在发生事故后进行，恢复可以看作备份的逆过程，恢复程度的好坏在很大程度上依赖备份的情况。在全球大数据暴增的趋势下，市场上以Oracle/MySQL为主的数据库的数据量也越来越大。

那么，我们如何为企业数据库备份提供持续的数据保护、实时增量备份、数据库自动恢复、数据库归档、灾难恢复等场景，来满足企业不同的需求呢？

思政课堂

居安思危，思则有备，有备无患

在生活安宁时要考虑危险的到来，考虑到了危险就会有所准备，从而避免祸患。这个世界唯一不变的就是变，我们生活的世界每时每刻都处在变化之中。虽然我们现在的生活安定富足，但我们如果不思进取，享乐其中，忽略世界变化的规律，我们可能就会受到惨痛的教训。

我们对自己未来的生活抱有期望，我们就需要有规划。在做规划的时候，我们要有最美好的愿景和最坏的打算，这就是居安思危，这仅仅是第一步。第二步还要去想我们应该怎么做？我们怎么才能实现美好生活的愿景？我们怎么做才能克服生活中出现的困难？我们尽量地把可能发生的状况想出来，并找到应对方法。

举一个我们生活中较常见的例子——我想学习。我想变成一个有修养、有文化、有学识的人。这属于美好的愿景。我可能遇到的困难很简单，万一我不想学了怎么办？我有哪些解决方法？我会通过不同的学习方法来增加学习的乐趣，不让学习变得单一、无聊。例如，找一些志同道合的人一起聊天，来增加自己的思维维度。最重要的就是，要在生活中去践行自己学到的这些知识，从而产生乐趣。当我对最坏的情况有了设定和方法的时候，我就不需要再为它忧患了。就像我们家里的灭火毯和灭火器一样，我们需要知道它的使用方法，在火灾来临的时候就可以用它抵御火灾了。但是不是一定有火灾呢？不一定。就像我的车里有一个自动充气泵一样，我的轮胎会不会没气？不一定。但是有了这个充气泵，我可以安心地跑长途。

从儒家修身的角度来理解这句格言，就是我们要时刻保持在持敬的状态中，就是在希望和恐惧之间。我们要对人有恭敬心，对事有敬畏心。这样才能在富足安定的生活中，寻找对未来更好的规划。

任务　MySQL 数据库备份

任务描述

任何数据库都需要备份，备份数据是维护数据库必不可少的操作。备份是为了防止原数据丢失，保证数据的安全。当数据库因为某些原因造成部分数据或者全部数据丢失后，备份文件可以帮我们找回丢失的数据。因此，数据备份是很重要的工作。本任务将学习使用命令备份单个数据库和多个数据库。

知识储备

1．数据库备份的场景

常见数据库备份的应用场景如下。

数据丢失应用场景：

- 人为操作失误造成某些数据被误操作。
- 软件 BUG 造成部分数据或全部数据丢失。
- 硬件故障造成数据库的部分数据或全部数据丢失。
- 安全漏洞被入侵数据恶意破坏。

非数据丢失应用场景：

- 特殊应用场景下基于时间点的数据恢复。
- 开发测试环境下的数据库搭建。
- 相同数据库的新环境搭建。
- 数据库或者数据迁移。

以上列出的是一些数据库备份常见的应用场景，数据库备份还有其他应用场景，比如磁盘故障导致整个数据库的所有数据丢失，并且无法从已经出现故障的硬盘上面恢复出来时，可以通过最近时间的整个数据库的物理或逻辑备份数据文件，尽可能地将数据恢复到故障之前最近的时间点。

操作失误造成数据被误操作后，我们需要有一个能恢复到错误操作时间点之前的瞬间的备份文件存在，当然这个备份文件可能是整个数据库的备份，也可能仅仅是被误操作的表的备份。

2．MySQL 备份的类型

备份可以分为以下几个类型。根据备份的方法（是否需要数据库离线）可以将备份分为：

1．热备份（Hot Backup）

热备份可以在数据库运行中直接备份，对正在运行的数据库操作没有任何的影响，数据库的读写操作可以正常执行。这种方式在MySQL官方手册中称为Online Backup（在线备份）。

按照备份后文件的内容，热备份又可以分为：

逻辑备份：在MySQL数据库中，逻辑备份是指备份出的文件内容是可读的，一般是文本内容。内容一般是由一条条SQL语句或者表内的实际数据组成的。例如，MySQLdump和SELECT * INTO OUTFILE的方法。这类方法的好处是可以观察导出文件的内容，一般适用于数据库的升级、迁移等工作。但其缺点是恢复的时间较长。

裸文件备份：裸文件备份是指复制数据库的物理文件，既可以在数据库运行中进行复制（如ibbackup、xtrabackup这类工具），也可以在数据库停止运行时直接复制数据文件。这类备份的恢复时间往往比逻辑备份短很多。

按照备份数据库的内容来分，备份又可以分为：

完全备份：是指对数据库进行一个完整的备份，即备份整个数据库，如果数据较多，则会占用较大的时间和空间。

部分备份：是指备份部分数据库（例如，只备份一个表）。

部分备份又分为：

增量备份：指的是在上次完全备份的基础上，对更改的数据进行备份。也就是说每次备份只会备份自上次备份之后到备份时间之内产生的数据。因此每次备份都比差异备份节约空间，但是恢复数据麻烦。

差异备份：指的是自上一次完全备份以来变化的数据。和增量备份相比，浪费空间，但恢复数据比增量备份简单。

2. 冷备份（Cold Backup）

冷备份必须在数据库停止的情况下进行备份，数据库的读写操作不能执行。这种备份更为简单，一般只需要复制相关的数据库物理文件即可。这种方式在MySQL官方手册中称为Offline Backup（离线备份）。

3. 温备份（Warm Backup）

温备份同样是在数据库运行中进行的，但是会对当前数据库的操作有所影响，在备份时仅支持读操作，不支持写操作。

在MySQL中进行不同方式的备份还要考虑存储引擎是否支持，如MyISAM不支持热备份，支持温备份和冷备份。而InnoDB支持热备份、温备份和冷备份。

一般情况下，我们需要备份的数据分为以下几种：

- 表数据。
- 二进制日志、InnoDB 事务日志。
- 代码（存储过程、存储函数、触发器、事件调度器）。
- 服务器配置文件。

3. 使用 MySQLdump 备份数据库

MySQLdump是MySQL自带的逻辑备份工具。

它的备份原理是通过协议连接到MySQL数据库，将需要备份的数据查询出来，将查询出的数据转换成对应的"insert"语句，当我们需要还原这些数据时，只要执行这些"insert"语句，即可将对应的数据还原。

从性能和伸缩性考虑，MySQLdump的优势包括：在输出之前可以很方便地查看或编辑文件，你还可以克隆数据库与DBA的工作，或者将生产环境下的数据进行微小测试。这不是作为快速备份或可伸缩性很强的方案。即针对不同大小的数据需要安排合理的时间，在需要还原时速度并不快，因为需要重新进行I/O、创建索引等。

（1）MySQLdump命令格式。

```
MySQLdump [选项] 数据库名 [表名] > 脚本名
```

或

```
MySQLdump [选项] --数据库名 [选项 表名] > 脚本名
```

或

```
MySQLdump [选项] --all-databases [选项] > 脚本名
```

选项详细含义如表8-1所示。

表 8-1　选项详细含义

参 数 名	缩　　写	含　　义
--host	-h	服务器IP地址
--port	-P	服务器端口号
--user	-u	MySQL用户名
--password	-p	MySQL密码

（2）使用MySQLdump命令备份整个数据库。

使用MySQLdump命令备份整个数据库的语法格式如下：

```
MySQLdump -u username -P --all-databases>filename.sql
```

在使用"--all-databases"参数时，不需要指定数据库名称。

（3）使用MySQLdump命令备份多个数据库。

如果要使用MySQLdump命令备份多个数据库，则需要使用"--databases"参数。备份多个数据库的语法格式如下：

```
MySQLdump -u username -P --databases dbname1 dbname2 ... > filename.sql
```

加上"--databases"参数后，必须指定至少一个数据库名称，多个数据库名称之间用空格隔开。

4. MySQL 冷备份及恢复

冷备份较为简单，一般只需要复制相关的数据库物理文件到另外的位置即可。

由于MySQL服务器中的数据文件是基于磁盘的文本文件，所以较简单、较直接的备份操作，就是将数据文件直接复制出来。但是由于MySQL服务器的数据文件在运行时期，总是处于打开状态和使用状态，因此备份文件不一定有效。为了解决该问题，在复制数据文件时，需要先停止MySQL服务器。

这样做的好处是可以保证数据库的完整性，备份过程简单且恢复速度相对快一些，但是关闭数据库会影响现有业务的进行。在服务器停止运行期间，用户不能继续访问网站。例如，一些电商网站在店庆促销时，如果为了备份要停库，那么带来的损失将不可估量。所以冷备份一般用于不是很重要、非核心的业务上面。

冷备份的优点如下：

- 备份简单、快速，只要复制相关文件即可。
- 备份文件易于在不同的操作系统、不同的MySQL版本上进行恢复。
- 恢复相当简单，只需要把文件恢复到指定位置即可。
- 恢复速度快，不需要执行任何SQL语句，也不需要重建索引。
- 低度维护，高度安全。

冷备份的缺点如下：

- 在备份过程中，数据库不能做其他工作，且必须是关闭状态。
- InnoDB 存储引擎冷备份的文件通常比逻辑文件大很多，因为表空间存放着很多其他的数据，如 undo 段、插入缓冲等信息。
- 若磁盘空间有限，只能拷贝到磁带等其他外部存储设备上，速度会很慢。
- 冷备份也不总是可以轻易地跨平台。操作系统、MySQL的版本、文件大小写敏感和浮点数格式都会成为问题。

冷备份的备份过程与恢复过程也很简单。仅仅需要如下几步：

（1）为了保证所备份数据的完整性，在停止MySQL数据库服务器之前，需要先执行"FLUSH TABLES"语句将所有数据写入数据文件的文本文件里。

（2）停掉MySQL服务，命令（2种方式）如下：

```
MySQLadmin -u root -p root shutdown
NET START MySQL
```

（3）备份过程就是复制整个数据目录到远程备份机或者本地磁盘上，Linux和Windows命令如下：

```
Scp -r /data/MySQL/ root@远程备份机ip:/新的目录
Copy -r /data/MySQL/ 本地新目录
```

备份到本地磁盘也可以手动复制上述相关目录里的数据文件。

（4）恢复过程就更简单了，仅仅需要把已备份的数据目录替换原有的目录就可以了，最后重启MySQL服务。

恢复数据是数据库维护中较常用的操作，利用备份文件可以将MySQL数据库服务器恢复到备份时的状态，这样就可以将管理员的非常规操作和计算机故障造成的相关损失降到最小。

上面介绍了如何通过数据文件实现数据备份和恢复。需要注意的是，在通过复制数据文件这种方式实现数据恢复时，必须保证两个MySQL数据库的主版本号一致。只有当两个MySQL数据库的主版本号相同时，才能保证它们的数据文件类型是相同的。

5. 使用 MySQLhotcopy 快速备份

MySQLhotcopy是一个Perl脚本，最初由Tim Bunce编写并提供。它使用LOCK TABLES、FLUSH TABLES和cp或scp来快速备份数据库。它是备份数据库或单个表的较快途径，但它只能运行在数据库目录所在的机器上。MySQLhotcopy只用于备份MyISAM。它运行在Unix和NetWare中。

与MySQLdump比较：

（1）前者是一个快速文件意义上的COPY，后者是一个数据库端的SQL语句集合。

（2）前者只能运行在数据库目录所在的机器上，后者可以运行在远程客户端，不过备份的文件还保存在服务器上。

（3）相同的地方都是在线执行LOCK TABLES及UNLOCK TABLES。

（4）前者恢复只需要COPY备份文件到源目录覆盖即可，后者需要导入SQL文件到原库中。（source或MySQL < bakfile.sql）

（5）前者只适用于MyISAM引擎，而后者则可同时适用于MyISAM引擎和InodDB引擎。

（6）前者在使用前必须安装perl-DBI和DBD-MySQL模块，而后者不需要。

MySQLdump是采用SQL级别的备份机制，它将数据表导成SQL脚本文件，当数据库大时，占用系统资源较多，支持常用的MyISAM、Innodb。

MySQLhotcopy只是简单的缓存写入和文件复制的过程，占用资源和备份速度比MySQLdump快很多。特别适合大的数据库，但需要注意的是，MySQLhotcopy只支持MyISAM引擎。

在使用MySQLhotcopy之前需要安装perl-DBI和DBD-MySQL。

① 安装perl-DBI。

直接运行yum安装即可。语法格式如下：

```
yum installperl-DBI
```

② 安装DBD-MySQL。

请到官网找到最新的版本，并下载安装。

MySQLhotcopy命令语法格式如下：

```
MySQLhotcopy db_name_1, ... db_name_n /path/to/new_directory
```

db_name_1, ... db_name_n分别为需要备份的数据库名称；/path/to/new_directory用来指定备份文件目录。

例如，使用MySQLhotcopy命令备份MySQL数据库到/backup目录下。

```
MySQLhotcopy -u root -p MySQL /usr/backup
```

6. 数据恢复

当数据丢失或意外损坏时，可以通过恢复已经备份的数据来尽量减少数据的丢失和破坏造成的损失。这里主要介绍如何对备份的数据进行恢复操作。

（1）使用MySQL命令恢复数据。

在前面的内容中介绍了如何使用MySQLdump命令将数据库中的数据备份成一个文本文件，且备份文件通常包含"create"语句和"insert"语句。

在MySQL中，可以使用MySQL命令来恢复备份的数据。MySQL命令可以执行备份文件中的"create"语句和"insert"语句，也就是说，MySQL命令可以通过"create"语句来创建数据库和表，通过"insert"语句来插入备份的数据。

MySQL命令语法格式如下：

```
MySQL -u username -P [dbname] < filename.sql
```

其中：

- username表示用户名称；
- dbname表示数据库名称，该参数是可选参数。如果filename.sql文件为MySQLdump命令创建的包含创建数据库语句的文件，则执行时不需要指定数据库名。如果指定的数据库名不存在，将会报错；
- filename.sql表示备份文件的名称。

注意：MySQL 命令和 MySQLdump 命令一样，都直接在命令行（cmd）窗口下执行。

例如，使用root账户恢复所有数据库。

```
MySQL -u root -p < C:\all.sql
```

执行完后，MySQL数据库就已经恢复了all.sql文件中的所有数据库。

需要注意的是：如果使用"--all-databases"参数备份了所有的数据库，那么在恢复时不需要指定数据库。因为，其对应的SQL文件中含有"create database"语句，可以通过该语句创建数据库。创建数据库之后，可以执行SQL文件中的"use"语句选择数据库，然后在数据库中创建表并且插入记录。

（2）使用MySQLhotcopy快速恢复。

使用MySQLhotcopy快速恢复数据库比较简单，可以按照以下步骤来实现：

① 停止MySQL服务器。

② 复制备份的数据库目录到MySQL数据目录下。

③ 更改目录属主与属组为MySQL进程用户：

chown -R MySQL.MySQL dbname

④ 修改权限：

chmod 660 dbname/*

chmod 700 dbname

⑤ 启动MySQL服务器。

任务实施

1. 任务实施流程

任务实施流程如表8-2所示。

表 8-2　任务实施流程

序　　号	实施流程	功能描述/具体步骤
1	使用"root"用户备份所有数据库	使用MySQLdump命令备份所有数据库
2	使用"root"用户备份"江西应用技术职业学院"数据库	使用MySQLdump命令备份单个数据库
3	使用"root"用户恢复数据库	使用source命令恢复数据库

2. 任务分组

确定分工，营造小组凝聚力和工作氛围，培养学生的团队合作、互帮互助精神。任务分组如表8-3所示。

表 8-3　任务分组

组　　名			
组　　别			
团队成员	学　　号	角色职位	职　　责

恭喜你，已明确任务实施流程、完成任务分组。接下来，进入任务实施。

3. 任务实施

（1）使用"root"用户备份所有数据库。

```
C:\Windows\system32>MySQLdump -u root -p --all-databases > C:\dump.sql
```

代码分析

执行完后，可以在C:\ 下面看到名为"dump.sql"的文件，在这个文件中存储着所有数据库的信息。

需要注意的是：MySQLdump命令必须在"cmd"窗口下执行（以管理员身份运行），不能登录到MySQL服务器中执行。

（2）使用"root"用户对名为"江西应用技术职业学院"的数据库进行逻辑备份，并把备份文件保存在D盘目录下，命名为"jxyy.sql"。

①打开命令行（cmd）窗口，输入备份命令和密码，运行过程如下：

```
C:\Windows\system32>MySQLdump -uroot -p 江西应用技术职业学院 > d:\jxyy.sql
--default-character-set=gbk
Enter password: ********
```

②输入密码后，MySQL会对该数据库进行备份。之后就可以在指定路径下查看刚才备份过的文件了。"jxyy.sql"文件的部分内容如下：

```
-- MySQL dump 10.13  Distrib 8.0.29, for Win64 (x86_64)
--
-- Host: localhost     Database: 江西应用技术职业学院
-- -------------------------------------------------------
-- Server version 8.0.29-log
/*!40101 SET @OLD_CHARACTER_SET_CLIENT=@@CHARACTER_SET_CLIENT */;
/*!40101 SET @OLD_CHARACTER_SET_RESULTS=@@CHARACTER_SET_RESULTS */;
```

③"jxyy.sql"文件开头记录了MySQL的版本、备份的主机名和数据库名。

代码分析

在文件中，以"--"开头的都是SQL语言的注释。以"/*!40101"等形式开头的是与MySQL有关的注释。"40101"是MySQL数据库的版本号，表示MySQL 4.1.1。如果在恢复数据时，MySQL的版本比4.1.1高，则"/*!40101"和"*/"之间的内容被当作SQL命令来执行。如果版本比4.1.1低，则"/*!40101"和"*/"之间的内容被当作注释。"/*!"和"*/"之间的内容在其他数据库中将被作为注释忽略，这样可以提高数据库的可移植性。

"drop"语句、"create"语句和"insert"语句都是数据库恢复时使用的语句；"drop table if exists 'student'"语句用来判断数据库中是否还有名为"Student"的表，如果存在，就删除这个表；"create"语句用来创建"Student"表；"insert"语句用来恢复所有数据。文件的最后记录了备份的时间。

需要注意的是：上面的"jxyy.sql"文件中没有创建数据库的语句，因此，"jxyy.sql"文件中的所有表和记录必须恢复到一个已经存在的数据库中。在恢复数据时，"create table"语句会在数据库中创建表，然后执行"insert"语句向表中插入记录。

（3）使用"root"用户备份"test"数据库和MySQL数据库。

```
MySQLdump -u root -p --databases test MySQL>C:\testandMySQL.sql
```

代码分析

执行完后，可以在C:\下面看到名为"testandMySQL.sql"的文件，在这个文件中存储着两个数据库的信息。

需要注意的是：MySQLdump命令备份的文件并非一定要求后缀名为".sql"，备份成其他格式的文件也是可以的。例如，后缀名为".txt"的文件。通常情况下，建议备份成后缀名为".sql"的文件。因为，后缀名为".sql"的文件给人的第一感觉就是与数据库有关的文件。

（4）对备份的文件名为"jxyy.sql"的数据库进行恢复，并且恢复至"逻辑备份恢复"数据库中。

```
MySQL> create database 逻辑备份恢复;
MySQL>use 逻辑备份恢复;
Database changed
MySQL> source d:\jxyy.sql
```

项目评价

1. 小组自查

填写预验收记录，如表8-4所示。

表 8-4　预验收记录

项目名称				组　　名	
序　　号	验收任务	验收情况	整改措施	完成时间	自我评价
1					
2					
验收结论：					

2. 项目提交

组内验收完成，各小组交叉验收，填写表8-5的内容。

表 8-5　小组验收报告

任务名称		组　　名	
项目验收人		验收时间	
项目概况			
存在问题		完成时间	
验收结果		评价	

3. 展示评价

各组展示作品，介绍任务的完成过程、运行结果，整理代码、技术文档，进行小组自评、组间互评、教师评价，填写表8-6的内容。

表 8-6　考核评价表

序　号	评价项目	评价内容	分值	小组自评（30%）	组间互评（30%）	教师评价（40%）	合计
1	职业素养（30分）	分工合理，制定计划能力强，严谨认真	5				
		爱岗敬业，责任意识，服从意识	5				
		团队合作、交流沟通、互相协作、分享能力	5				
		遵守行业规范、职业标准	5				
		主动性强，保质保量完成相关任务	5				
		能采取多样化手段收集信息、解决问题	5				
2	专业能力（60分）	程序设计合理、熟练	10				
		使用命令备份单个数据库和多个数据库	20				
		代码编写规范、认真	10				
		项目结果正确、提问回答正确	10				
		技术文档整理完整	10				
3	创新意识（10分）	创新思维和行动	10				
合计			100				
评价人：			时间：				

项目复盘

1. 总结归纳

恭喜你，已完成项目实施，数据库备份是我们服务端开发经常遇到的问题。为了提升用户体验，我们要尽量减少服务器备份时的损失。所以备份时间尽量选在半夜，并且要尽量减少备份所用的时间，在备份时需要考虑的问题包括：可以容忍丢失多长时间的数据；恢复数据要在多长时间内完成；恢复的时候是否需要持续提供服务；恢复的对象是整个库、多个表，还是单个库、单个表等。

2. 存在问题/解决方案/项目优化

填写表8-7的内容。

表 8-7　项目优化表

序　　号	存在问题	优化方案	是否完成	完成时间
1				
2				

恭喜你，完成项目评价和复盘。通过MySQL数据库安装与配置项目，掌握了MySQL的安装与配置的基本流程。要熟练掌握该项目，这将为后面项目的完成奠定基础。

让我们继续闯关，走进下一个项目。

习题演练

（1）数据库的备份类型按涉及的数据范围来划分有3种，分别是_____、_____和_____。

（2）下面哪个不是备份数据库的理由？（　　　　）

A. 数据库崩溃时恢复

B. 将数据从一个服务器转移到另一个服务器

C. 记录数据的历史档案

D. 转换数据

（3）恢复是利用冗余数据来重建数据库。（对　错）

项目实训

数据库的备份与恢复

一、实验目的

（1）理解MySQL备份的基本概念。

（2）掌握各种备份数据库的方法。

（3）掌握如何从备份中恢复数据。

（4）掌握表的导入与导出的方法。

二、实验要求

（1）学生提前准备好实验报告，预习并熟悉实验步骤；

（2）遵守实验室纪律，在规定的时间内完成要求的内容；

（3）1～2人为1个小组，在实验过程中独立操作、相互学习。

三、实验内容及步骤

1）利用Navicat图形工具实现下列操作：

（1）使用"root"用户创建"aric"用户，初始密码设置为"abcdef"。让该用户对"江西应用技术职业学院"数据库拥有"SELECT""UPDATE""DROP"权限。

（2）使用"root"用户将"aric"用户的密码修改为"123456"。

（3）查看"aric"用户的权限。

（4）使用"aric"用户登录，将其密码修改为"aaabbb"，并查看自己的权限。

（5）使用"aric"用户来验证自己是否有"GRANT"权限和"CREATE"权限。

（6）使用"root"用户登录，收回"aric"用户的删除权限。

（7）删除"root"用户。

（8）修改"root"用户的密码。

2）首先在指定位置上建立备份文件的存储文件夹，如D:\MySQLbak。

（1）利用Navicat图形工具实现数据的备份与恢复。

① 对"江西应用技术职业学院"数据库进行备份，备份文件名为"江西应用技术职业学院bak"。

② 备份"江西应用技术职业学院"数据库中的"Student"表，备份文件存储在D:\MySQLbak，文件名称为"studbak.txt"。

③ 将原有的"江西应用技术职业学院"数据库删除，然后将备份文件"江西应用技术职业学院bak"恢复为"江西应用技术职业学院"。

④ 将"江西应用技术职业学院"数据库中的"Student"表删除，然后将备份文件"studbak.txt"恢复到数据库中。

（2）表的导入与导出。

① 利用Navicat图形工具分别将"江西应用技术职业学院"数据库中的"Student"表导出为.txt文件、word文件、excel文件和html文件。在导出.txt文件时，根据个人需求，设置不同的栏位分隔符、行分隔符及文本限定符，导出的文件存储在D:\MySQLbak。

② 利用Navicat图形工具将导出的"Student"表中的.txt文件和excel文件导入"江西应用技术职业学院"数据库中，表名分别为"stud1"和"stud2"。

③ 利用"select...into outfile"命令导出"sc"表的记录，记录存储到D:\MySQLbak\scbak.txt。

④ 删除"sc"表中的所有记录，然后利用"load data infile"命令将"scbak.txt"中的记录加载到"sc"表中。

拓展阅读

你了解MySQL的内部构造吗？一般可以分为哪几个部分？

MySQL的内部构造可以分为服务层和存储引擎层两部分，如图8-1所示，其中：

服务层包括连接器、查询缓存、分析器、优化器、执行器等，涵盖了MySQL的大多数核心服务功能，以及所有的内置函数（如日期、时间、数学和加密函数等），所有跨存储引擎的功能都在这一层上实现，比如存储过程、触发器、视图等。

存储引擎层负责数据的存储和提取。其架构模式是插件式的，支持InnoDB、MyISAM、Memory等多个存储引擎。现在较常用的存储引擎是InnoDB，它从MySQL5.5.5版本开始成为了默认的存储引擎。

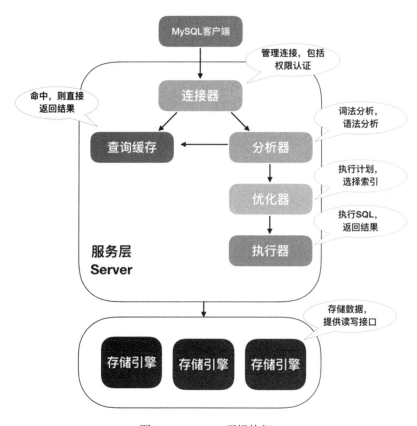

图 8-1　MySQL 逻辑构架

项目九　MySQL 数据库设计与优化

——图书管理系统的实现

学习目标

　　知识目标：掌握系统需求分析、E-R 图画法。
　　　　　　掌握数据库的建立与操作。
　　　　　　掌握系统模块化管理和实现。
　　技能目标：能熟练编写需求说明书和画出 E-R 图。
　　　　　　能熟练在 MySQL 数据库中进行数据库的建立与操作。
　　　　　　能进行系统模块化管理和实现。
　　素养目标：培养学生的真实软件生产能力。
　　　　　　培养学生的团队精神和管理能力。

项目导言

　　通过前面知识的学习，大家对数据库相关的操作有了一定的了解，在实际开发中，经常会在开发初期根据需求分析进行数据库的设计，为接下来的程序编写提供数据支持，本项目我们从图书管理系统的数据库设计到前端开发逐步实现，让大家了解怎么去设计应用程序数据库。

思维导图

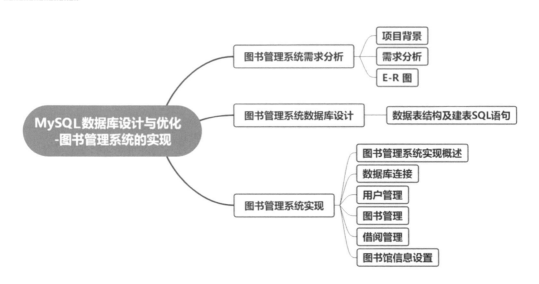

思政课堂

我国图书馆的起源

　　我国最早的文字，系3500年前殷商时代的甲骨文。有了文字，刻写绘制出来的过程称之为"书"，即我国最早的图书。古书《易·系辞上》记载了"河出图，洛出书"的传说，由此可见古书是有图有文的，但是"图书"二字并没有合在一起用。"图书"二字的合用，出自《史记·萧相国世家》，据该篇记载，萧何曾"收秦丞相御史律令图书藏之"。自甲骨文产生后，先后便出现了甲骨的书，青铜的书，石头的、竹（南方）木（北方）简的书，缣帛的书，等等。图书产生了，图书馆也随之创建。我国最早的图书馆在殷商时代已开始萌芽，殷人已经能将甲骨文按"三册""祝册"的分类方法加以保存。春秋战国时期，诸子百家，著书很多，就在藏书的地方。据《史记》记载，周朝已有了"藏室"，就是正式的藏书机构，并且配备了"守藏室之史"，即柱下史。相传道家始祖老子曾任过此职。

　　秦始皇统一中国后，在咸阳阿房宫设立了宫廷图书馆，聚全国之书，并设御史，负责掌管。但是，秦朝"焚书坑儒"，图书也自然受到摧残。西汉初年，"广开献书"之路，注重搜集，官家藏书逐渐增多。汉高祖刘邦令萧何搜集秦朝官方所藏图书，建立了我国历史上第一所国家图书馆，即石渠阁。后来又建立了天禄阁，搜集各地文献图书。汉武帝时，宫廷内外，都设有藏书处所，并拟定了藏书规则。

任务　MySQL 数据库设计与优化——图书管理系统的实现

任务描述

　　图书管理系统的任务是实现图书管理和借阅的信息化，对图书信息、用户信息和图书馆信息等进行有效的管理，并提供对图书的查询、借阅、归还等功能。

任务实施

1. 任务实施流程

任务实施流程如表9-1所示。

表 9-1　任务实施流程

序　　号	功能描述
1	图书管理系统需求分析
2	图书管理系统数据库设计
3	图书管理系统实现

2. 任务分组

确定分工，营造小组凝聚力和工作氛围，培养学生的团队合作、互帮互助精神，填写表9-2的内容。

表 9-2　项目分组

组　　名			
组　　别			
团队成员	学　　号	角色职位	职　　责

3. 任务实施

图书管理系统需求分析。

项目背景

图书馆是收集、整理、收藏图书资料以供人阅览、参考的机构，早在公元前3000年就出现了图书馆，图书馆具有保存人类文化遗产、开发信息资源、参与社会教育等职能。

我国的图书馆历史悠久、种类繁多，有国家图书馆、学校图书馆、专业图书馆、军事图书馆、儿童图书馆、盲人图书馆、少数民族图书馆等。传统的图书管理主要基于文本、表格等介质的手工处理，这种方式在数据信息处理工作量大时非常容易出错，且出错后不易查找，已经无法满足信息时代图书馆管理工作的需求。越来越多的图书馆采用电子化管理方式，图书管理系统应运而生，逐渐成为信息化建设的重要组成部分。建立图书管理系统，使图书管理工作规范化、系统化、程序化，避免图书管理的随意性，提高信息处理的速度和准确性，能够及时、准确、有效地查询和修改图书情况。

图书管理系统使用网站提供服务，具有检索方便、安全可靠、信息存储量大、成本低等优点，为学校或社会型图书管理提供图书、借阅者的详细信息，以及馆藏图书的详细情况，对借书和还书两大功能进行优化，提升工作效率，这些优点提升图书馆的管理效率，方便读者查询和借阅图书，方便进行大数据分析，更好地提升图书馆的服务水平。

需求分析

9.1.2.1　概述

1. 目的

图书管理系统是一种信息管理系统，是对图书、读者的管理，主要是为了减轻图书管理员的工作负担，实现图书管理信息化。

本小节将对图书管理系统的设计需求进行描述，旨在明确系统的目标和功能，为图书管理系统的设计、实现和验收提供依据。

2. 背景

（1）待开发的软件：图书管理系统；

（2）本项目的任务提出者：XX学院图书馆；

开发者：XX学院XX开发团队；

用户：XX学院图书馆；

（3）该软件系统同其他系统或其他机构的基本的相互来往关系；

3. 范围

XX学院图书馆管理及职员、XX开发团队。

4. 术语定义

静态数据：系统固化在内的实现系统功能的一部分数据。

动态数据：软件在运行过程中使用者输入和系统输出的数据。

实体-联系图（E-R图）：包含实体（即数据对象）、关系和属性。作为用户与分析员之间有效交流的工具。

9.1.2.2　系统说明

在3个月内建成一个小型的图书管理系统，以减轻图书馆工作人员管理图书的劳动强度，并提升其工作效率，为读者借阅、归还、查询图书提供便利。

9.1.2.3　系统需求说明

1. 功能需求

（1）登录系统：注销用户、系统退出。

（2）管理：用户管理、图书管理、读者管理、借阅管理。

（3）查询：图书查询、读者查询、借阅查询。

（4）报表打印：所有图书、借出图书、库存图书、所有读者。

（5）帮助：使用说明、关于。

2. 输入输出需求

能使用键盘、扫描仪/扫描枪等完成输入，能使用打印机打印报表。

3. 故障处理需求

在正常使用时不应出错，对于用户的输入错误应给出适当的改正提示。若运行时遇到不可恢复的系统错误，也必须保证数据库完好无损。

4. 可用性需求

要求操作简单，界面友好。

5. 可靠性需求

能在多种操作系统下安全独立运行。

6. 性能需求

数据精确度：在查询时应保证查全率，所有在相应域中包含查询关键字的记录都应能查到，同时保证查准率。

时间特性：一般操作的响应时间应在1～2秒。

7. 可维护性、可扩展性需求

要求本软件的维护文档齐全，便于维护。

8. 灵活性

采用多功能、多窗口运行。

9. 安全性需求

因本系统涉及学院部分关键数据，除本单位内部管理人员外，其他人员不得访问，要求有安全的密码登录检验功能，并且密码能正常修改。

10. 设计约束需求

（1）出版年份不大于当前年份。

（2）库存和总藏书相等。

11. 用户使用手册和在线帮助系统

有完整的用户使用手册和在线帮助系统。

12. 界面要求

操作界面简洁，功能齐全。

13. 支持软件

MySQL数据库系统、浏览器。

14. 设备

台式机和便携式计算机。

9.1.3 E-R 图

简易的图书管理系统的数据库中主要有以下实体：图书信息实体、管理员信息实体、读者信息实体，读者和图书之间存在借阅关系，管理员可以管理图书信息、读者信息。除了前面几个主要实体，还有图书类型实体、读者类型实体等。

图书管理系统E-R图如图9-1所示。

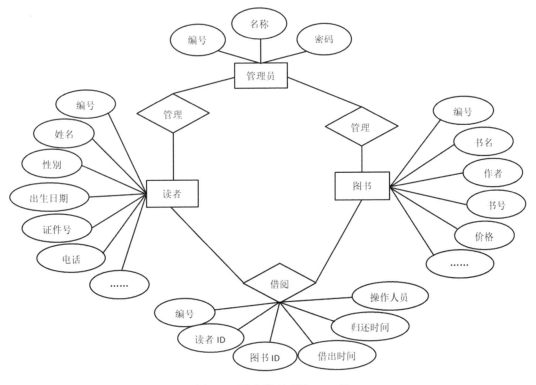

图 9-1　图书管理系统 E-R 图

9.2　图书管理系统数据库设计

通过上文的需求分析，可以得到本系统的主要数据库实体对象，通过这些实体对象可以得出数据库的表结构的基本模型，然后通过模型设计出数据库数据表。

9.2.1　读者表（reader）

1. reader 表结构
reader表结构如表9-3所示。

表 9-3　reader 表结构

列　　名	数据类型	含　义	备　注
id	int(10)	图书编号	主键、自动增长
name	varchar(30)	姓名	
sex	varchar(4)	性别	
barcode	varchar(30)	条形码	
birthday	date	出生日期	
paperType	varchar(10)	证件类型	
paperNO	varchar(20)	证件号	
tel	varchar(20)	电话	
email	varchar(100)	邮箱	
typeid	int(10)	读者类型	
operator	varchar(30)	操作人员	
createDate	date	创建日期	

2. reader 建表语句

```
create table reader (
  id int(10) unsigned not null auto_increment,
  name varchar(30) default null,
  sex varchar(4) default null,
  barcode varchar(30) default null,
  birthday date default null,
  paperType varchar(10) default null,
  paperNO varchar(20) default null,
  tel varchar(20) default null,
  email varchar(100) default null,
  typeid int(10) default null,
  createDate date default null,
  operator varchar(30) default null,
  primary key (id)
);
```

9.2.2　读者类型表（readertype）

1. readertype 表结构

readertype表结构如表9-4所示。

表 9-4　readertype 表结构

列　　名	数据类型	含　　义	备　　注
id	int(10)	读者类型编号	主键、自动增长
name	varchar(50)	类型名称	
number	int(4)	数量	

2. readertype 建表语句

```
create table readertype (
  id int(10) unsigned not null auto_increment,
  name varchar(50) default null,
  number int (4) default null,
  primary key (id)
);
```

9.2.3　管理员表（manager）

1. manager 表结构

manager表结构如表9-5所示。

表 9-5　manager 表结构

列　　名	数据类型	含　　义	备　　注
id	int(10)	管理员编号	主键、自动增长
name	varchar(30)	管理员名称	
pwd	varchar(30)	密码	

2. manager 建表语句

```
create table manager (
  id int(10) unsigned not null auto_increment,
  name varchar(30) default null,
  pwd varchar(30) default null,
  primary key (id)
);
```

9.2.4　图书表（bookinfo）

1. bookinfo 表结构

bookinfo表结构如表9-6所示。

表 9-6　bookinfo 表结构

列　名	数据类型	含　义	备　注
id	int(10)	图书编号	主键、自动增长
typeid	int(10)	类型编号	
bookname	varchar(70)	书名	
author	varchar(30)	作者	
translator	varchar(30)	译者	
ISBN	varchar(20)	书号	
price	float(8,2)	价格	
page	int(10)	页数	
storage	int(10)	库存数量	
inTime	date	入库时间	
operator	varchar(30)	操作人员	
bookcase	int(10)	书架编号	
barcode	varchar(30)	条形码	

2. bookinfo 建表语句

```
create table bookinfo (
  id int(10) not null auto_increment,
  typeid int(10) unsigned default null,
bookname varchar(70) default null,
  author varchar(30) default null,
  translator varchar(30) default null,
  ISBN varchar(20) default null,
  price float(8,2) default null,
  page int(10) unsigned default null,
storage int(10) unsigned default null,
  inTime date default null,
  operator varchar(30) default null,
bookcase int(10) unsigned default null,
barcode varchar(30) default null,
  primary key (id)
);
```

9.2.5　书架表（bookcase）

1. bookcase 表结构

bookcase表结构如表9-7所示。

表 9-7　bookcase 表结构

列　　名	数据类型	含　　义	备　　注
id	int(10)	书架编号	主键、自动增长
name	varchar(30)	书架名称	

2. bookcase 建表语句

```
create table bookcase (
  id int(10) unsigned not null auto_increment,
  name varchar(30) default null,
  primary key (id)
);
```

9.2.6　图书类型表（booktype）

1. booktype 表结构
booktype表结构如表9-8所示。

表 9-8　booktype 表结构

列　　名	数据类型	含　　义	备　　注
id	int(10)	图书类型编号	主键、自动增长
typename	varchar(30)	图书类型名称	
days	int(10)	可借天数	

2. booktype 建表语句

```
create table booktype (
  id int(10) unsigned not null auto_increment,
  typename varchar(30) default null,
  days int(10) unsigned default null,
  primary key (id)
);
```

9.2.7　出版社（publishing）

1. publishing 表结构
publishing表结构如表9-9所示。

表 9-9 publishing 表结构

列　　名	数据类型	含　　义	备　　注
ISBN	varchar(20)	书号	
pubname	varchar(30)	出版社	

2. publishing 建表语句

```
create table publishing (
  ISBN varchar(20) default null,
  pubname varchar(30) default null
);
```

9.2.8 借阅表（borrow）

1. borrow 表结构

borrow表结构如表9-10所示。

表 9-10 borrow 表结构

列　　名	数据类型	含　　义	备　　注
id	int(10)	借阅编号	主键、自动增长
readerid	int(10)	读者编号	
bookid	int(10)	图书编号	
borrowTime	date	借出时间	
backTime	date	归还时间	
operator	varchar(30)	操作人员	
ifback	tinyint(1)	是否归还	

2. borrow 建表语句

```
create table borrow (
  id int(10) unsigned NOT NULL auto_increment,
  readerid int(10) unsigned default NULL,
  bookid int(10) default NULL,
  borrowTime date default NULL,
  backTime date default NULL,
  operator varchar(30) default NULL,
  ifback tinyint(1) default '0',
  primary key (id)
);
```

9.2.9　图书馆信息表（libraryinf）

1. libraryinf 表结构

libraryinf表结构如表9-11所示。

表 9-11　libraryinf 表结构

列　名	数据类型	含　义	备　注
id	int(10)	图书馆编号	主键、自动增长
libraryname	varchar(50)	图书馆名称	
curator	varchar(30)	馆长	
tel	varchar(20)	电话	
address	varchar(100)	地址	
email	varchar(100)	邮箱	
url	varchar(100)	主页	
createDate	date	建馆时间	
introduce	text	图书馆介绍	

2. libraryinf 建表语句

```
create table libraryinf(
  id int(10) unsigned not null auto_increment,
  libraryname varchar(50) default null,
  curator varchar(30) default null,
  tel varchar(20) default null,
  address varchar(100) default null,
  email varchar(100) default null,
  url varchar(100) default null,
  createDate date default null,
  introduce text,
  primary key  (id)
);
```

9.3　图书管理系统实现

9.3.1　图书管理系统实现概述

图书管理系统采用PHP作为服务器语言，使用MySQL数据库系统，前端使用了HTML、

CSS、JS等技术作为辅助。该系统主要的功能模块有数据库连接、用户管理、图书管理等。

9.3.2 数据库连接

图书管理系统的数据库连接文件conn.php放在文件夹"conn"中，如图9-2所示。

图 9-2 图书管理系统数据库连接文件存放位置

主要代码：

```php
<?php
  $conn=MySQLi_connect("localhost","root","123456","library");
  MySQLi_set_charset($conn,'utf8');
  // 检查连接
  if (!$conn)
  {
  die("连接错误: " . MySQLi_connect_error());
  }
?>
```

代码分析

（1）语句 $conn=MySQLi_connect("localhost","root","123456","library");

其中，"localhost"是表示数据库存储在本地，"root"是数据库的用户名，"123456"是用户密码，"library"是数据库。

（2）MySQLi_set_charset($conn,'utf8')中的'utf8'是表示采用的字符集为utf8。

9.3.3 用户管理

1. 管理员管理

管理员管理功能包括登录及验证、添加用户、删除用户、修改用户。

（1）登录页面。

用户登录主要是在登录窗口中实现身份验证。用户输入用户名和密码，登录页面如图所示，系统判别用户名是否存在和密码是否正确。通过系统验证后才能进入主界面；验证失败，则跳转登录页面返回错误信息，如登录账户为空、登录密码为空、用户名和密码不匹配等，则需要重新输入，如图9-3所示。

CopyRight 2020 jxyyxy.com 江西应用技术职业学院图书馆

图 9-3 登录页面

主要代码：

```php
密码验证代码
<?php
if (!session_id()) session_start();
$A_name=$_POST['name'];              //接收表单提交的用户名
$A_pwd=$_POST['pwd'];                //接收表单提交的密码
class chkinput{                      //定义类
  var $name;
  var $pwd;
  function __construct($x,$y){
$this->name=$x;
$this->pwd=$y;
}
  function checkinput(){
include("conn/conn.php");            //连接数据源
$sql=MySQLi_query($conn,"select*from  tb_manager  where  name='".$this->name." 'and pwd='".$this->pwd."'");
```

```
$info=MySQLi_fetch_array($sql);      //检索用户名称和密码是否正确
if($info==false){                    //如果用户名称或密码不正确，则弹出相关提示信息
    echo "<script language='javascript'>alert('您输入的用户名称错误，请重新
输入! ');history.back();</script>";

    exit;
  }
 else{
                    //如果用户名称或密码正确，则弹出相关提示信息
    echo "<script>alert('用户登录成功!');window.location='index.php';
</script>";
    $_SESSION['admin_name']=$info['name'];
    $_SESSION['pwd']=$info['pwd'];
 echo "<script>alert('" + $_SESSION['admin_name'] + "')</script>";
  }
 }
}
$obj=new chkinput(trim($A_name),trim($A_pwd));      //创建对象
$obj->checkinput();                                 //调用类
?>
```

（2）添加用户页面，如图9-4所示。

图 9-4　添加用户页面

（3）删除用户。

```
<?php
include("conn/conn.php");
$id=$_GET[id];
$sql=MySQLi_query( $conn,"delete from tb_manager where id='$id'");
```

```
$query=MySQLi_query( $conn,"delete from tb_purview where id='$id'");
if($sql==true and $query==true ){
echo "<script language=javascript>alert('用户删除成功！');history.back();
</script>";
}
else{
echo "<script language=javascript>alert('用户删除失败！');history.back();
</script>";
}
?>
```

4）修改密码页面，如图9-5所示.

图 9-5　修改密码页面

2. 读者管理

读者管理功能包括添加读者、修改读者、删除读者。

（1）添加读者页面，如图9-6所示。

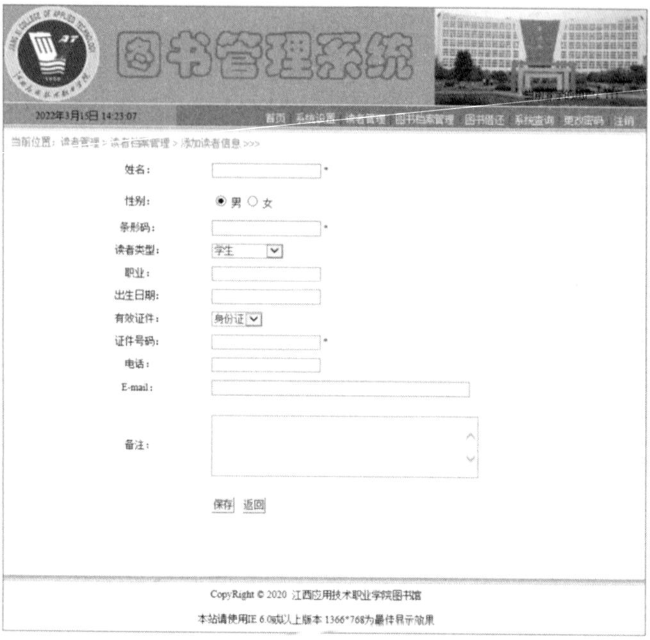

图 9-6　添加读者页面

（2）修改读者页面，如图9-7所示。

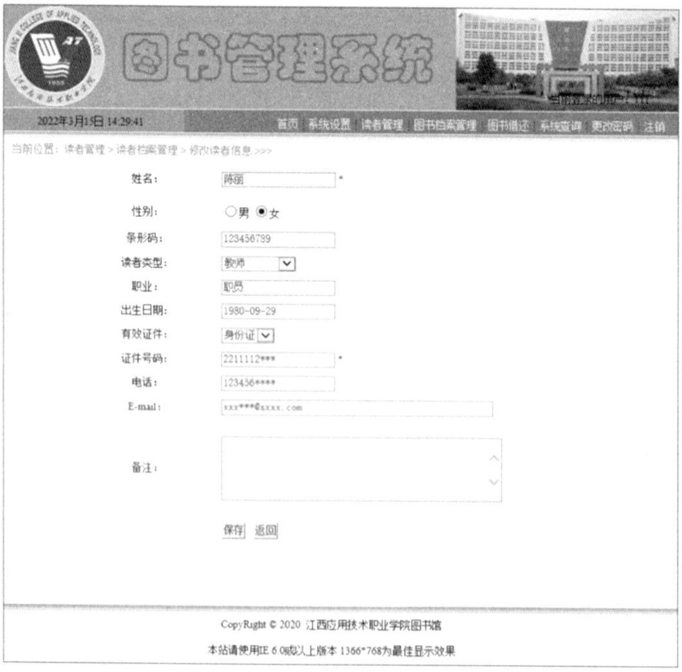

图 9-7　修改读者页面

（3）删除读者。

```php
<?php
include("conn/conn.php");
$id=$_GET[id];
$sql=MySQLi_query( $conn,"delete from tb_reader where id='$id'");
if($sql){
echo "<script language=javascript>alert('读者信息删除成功！');window.location.href='reader.php';</script>";
}
else{
echo "<script language=javascript>alert('读者信息删除失败！');window.location.href='reader.php';</script>";
```

9.3.4　图书管理

图书管理功能包括添加图书、修改图书、删除图书、图书查询。

（1）添加图书页面，如图9-8所示。

图 9-8　添加图书页面

（2）修改图书页面，如图9-9所示。

图 9-9 修改图书页面

（3）删除图书。

```php
<?php
include("Conn/conn.php");
$info_del=MySQLi_query($conn,"delete from tb_bookinfo where id=$_GET[id]");
if($info_del){
echo"<script  language='javascript'>alert('图书信息删除成功!');history.
back();</script>";
  }
?>
```

9.3.5 借阅管理

借阅管理功能包括图书借阅、图书归还、图书续借、借阅查询。

（1）图书借阅页面，如图9-10所示；图书归还页面，如图9-11所示。

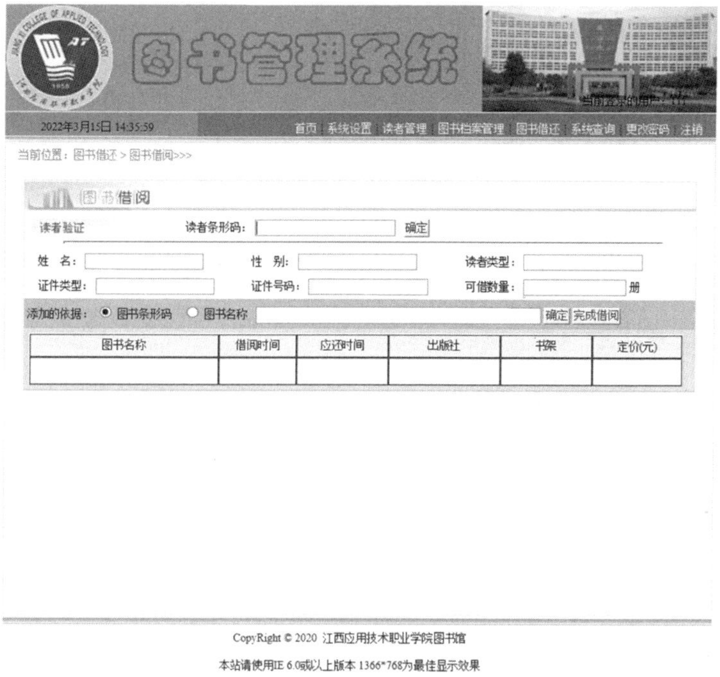

图 9-10　图书借阅页面

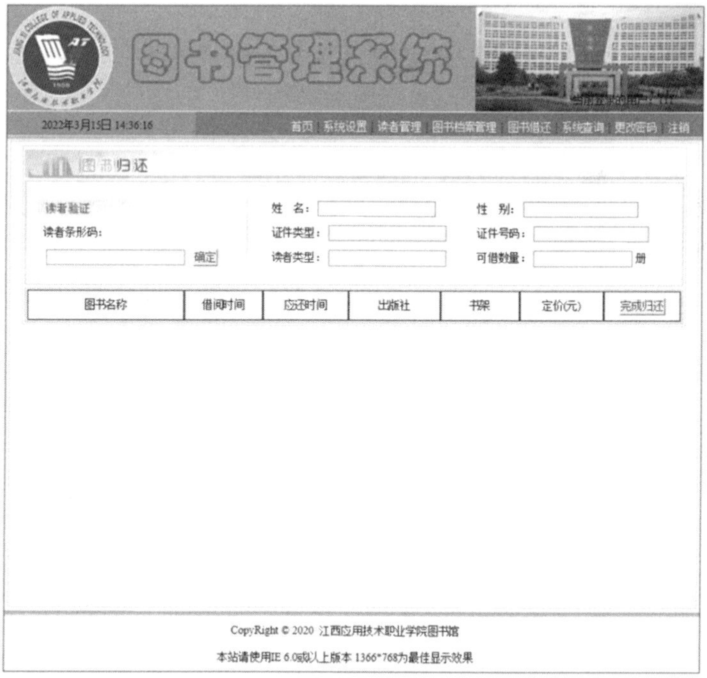

图 9-11　图书归还页面

（2）图书续借页面，如图9-12所示。

图 9-12　图书续借页面

9.3.6　图书馆信息设置

图书馆信息设置可以设置图书馆名称、馆长、联系电话、联系地址等信息，如图9-11所示。

图 9-13　图书馆信息设置页面

说明：以上所列的功能项目不是整个项目的全部，只是图书管理系统的主要功能模块代码。

项目评价

1. 小组自查

预验收记录如表9-12所示。

表 9-12　预验收记录

项目名称	MySQL 数据库设计与优化——图书管理系统的实现			组　　名	
序　　号	验收项目	验收情况	整改措施	完成时间	自我评价
1					
2					
3					
4					
5					
6					
验收结论：					

2. 项目提交

组内验收完成，各小组交叉验收，填写表9-13的内容。

表 9-13　小组验收报告

项目名称	MySQL 数据库设计与优化——图书管理系统的实现	组　　名	
项目验收人		验收时间	
项目概况			
存在问题		完成时间	
验收结果		评价	

3. 展示评价

各组展示作品，介绍任务的完成过程、运行结果，整理代码、技术文档，进行小组自评、组间互评、教师评价，完成考核评价表。

表 9-14　考核评价表

序　号	评价项目	评价内容	分值	小组自评（30%）	组间互评（30%）	教师评价（40%）	合计
1	职业素养（30分）	分工合理，制定计划能力强，严谨认真	5				
		爱岗敬业，责任意识，服从意识	5				
		团队合作、交流沟通、互相协作、分享能力	5				
		遵守行业规范、职业标准	5				
		主动性强，按时、保质、保量完成相关任务	5				
		能采取多样化手段收集信息、解决问题	5				
2	专业能力（60分）	图书管理系统需求分析	10				
		图书管理系统数据库设计	15				
		图书管理系统实现	15				
		技术文档整理完整	10				
		项目提问回答正确	10				
3	创新意识（10分）	创新思维和行动	10				
合计			100				
评价人：			时间：				

项目复盘

1. 总结归纳

本项目通过图书管理系统数据库的设计和前端页面的时间学习，让大家了解数据库设计的流程及步骤，掌握数据库设计的基本方法。本项目的重点内容是数据库的设计和实现。

2. 存在问题

项目优化表如表9-15所示。

表 9-15　项目优化表

序　号	存在问题	优化方案	是否完成	完成时间
1				
2				

习题演练

（1）非聚簇索引一定会回表查询吗？

（2）MySQL删除表有几种方式？有什么区别？

（3）如何查询最后一行的记录？

（4）主键和唯一索引的区别？

反侵权盗版声明

电子工业出版社依法对本作品享有专有出版权。任何未经权利人书面许可，复制、销售或通过信息网络传播本作品的行为；歪曲、篡改、剽窃本作品的行为，均违反《中华人民共和国著作权法》，其行为人应承担相应的民事责任和行政责任，构成犯罪的，将被依法追究刑事责任。

为了维护市场秩序，保护权利人的合法权益，我社将依法查处和打击侵权盗版的单位和个人。欢迎社会各界人士积极举报侵权盗版行为，本社将奖励举报有功人员，并保证举报人的信息不被泄露。

举报电话：（010）88254396；（010）88258888

传　　真：（010）88254397

E-mail：　dbqq@phei.com.cn

通信地址：北京市万寿路南口金家村288号华信大厦

　　　　　电子工业出版社总编办公室

邮　　编：100036